U0209358

我的
植物生活
新提案

LIVING
WITH PLANTS

*A Guide to
Indoor Gardening*

室内绿植
搭配指南

植
物
生
活
家

[英] 苏菲·李 ——— 著　光合作用园艺 ———译

中信出版集团 | 北京

图书在版编目（CIP）数据

植物生活家：室内绿植搭配指南 /（英）苏菲·李
著；光合作用园艺译. -- 北京：中信出版社, 2020.1
书名原文：Living with Plants:A Guide to Indoor
Gardening
ISBN 978-7-5217-1111-0

Ⅰ.①植… Ⅱ.①苏…②光… Ⅲ.①园林植物－室
内装饰设计－室内布置－指南 Ⅳ.①TU238.25-62

中国版本图书馆CIP数据核字(2019)第213937号

Living with Plants: A Guide to Indoor Gardening by Sophie Lee
Text © Sophie Lee 2017
Photography © Leonie Freeman 2017
First published in the United Kingdom by Hardie Grant Books in 2017
Simplified Chinese translation copyright © 2020 by CITIC Press Corporation
ALL RIGHTS RESERVED

本书仅限中国大陆地区发行销售

植物生活家：室内绿植搭配指南

著　　者：[英] 苏菲·李
译　　者：光合作用园艺（诸晨露　谢建颖　陈莹）
出版发行：中信出版集团股份有限公司
　　　　　（北京市朝阳区惠新东街甲4号富盛大厦2座　邮编　100029）
承 印 者：北京雅昌艺术印刷有限公司

开　　本：880mm×1230mm　1/16　　　　印　张：12　　　字　数：150千字
版　　次：2020年1月第1版　　　　　　　印　次：2020年1月第1次印刷
京权图字：01-2019-3742　　　　　　　　广告经营许可证：京朝工商广字第8087号
书　　号：ISBN 978-7-5217-1111-0
定　　价：78.00元

版权所有·侵权必究
如有印刷、装订问题，本公司负责调换。
服务热线：400-600-8099
投稿邮箱：author@citicpub.com

关于吉欧花艺

你好，我是苏菲·李，植物造型公司吉欧花艺（geo-fleur）的创始人。我喜欢在生活中的每个角落都点缀一些绿色，窗台、书架、床头柜，无论空间大小，植物总能将这些地方变得更有格调。在吉欧花艺，我们引导客户了解和享受室内园艺的乐趣，希望每个人的生活中都能有绿植相伴。

2014年10月我创办了吉欧花艺公司，但实际上我对室内植物痴迷已久，我甚至觉得我的血液里流淌着"绿手指"基因。我的母亲是一位花艺师，也是我的灵感源泉。我从小就一直帮忙制作胸花、大型桌花和新娘捧花。而我的舅舅是一座英国国家信托公园的主管园丁，他经常去日本收集种子，总是把最漂亮的多肉植物带回来给我繁殖。这促使我开办了自己的公司，同时也是吉欧花艺有那么多多肉植物的原因。

我的生意伙伴莎莉喜欢观叶植物，所以她结婚的时候，我提议为她打造一个玻璃盆景作为新娘手捧花。后来我又陆续做了一些，最终沉迷其中。现在我开办了工作室，人们可以在这里学习如何亲手制作微景观盆景。在我看来，玻璃盆景是室内园艺的完美典范，可以借此把大自然的美带回家。

室内植物可以和户外花园一样美妙。它们还是多功能、个性化的，并且可以在你需要搬家的时候一并带走。植物可以为房间增添精巧的绿色点缀，也可以成为引人注目的焦点。无论你家的装修风格是现代简约、复古怀旧还是时尚前卫，你都能找到合适的植物。而且一旦开始收集植物，就会停不下来，你会开始给它们起名字，并给它们换上精致漂亮的花盆。

植物不仅可以用于观赏，它们对健康也非常有益。研究证明，室内植物可以提高注意力、降低血压以及改善情绪。它们兼具实用性和美观性，能够大大提高人们的生活质量。

除了植物造型技巧外，本书还加入了一些有用的实践创意，帮助你用植物打造独一无二的室内装饰。随着越来越多的人对室内植物感兴趣，想学习更多展示方法，我迫不及待地想和大家分享我的经验，帮助大家打造室内丛林。我希望这本书能抛砖引玉，激发你的创造力，帮助你建立起自己的城市绿色避难所。

植物之美

用植物改变家居面貌不仅简单时尚，还能带来勃勃生机。植物形态各异、大小不一，质地纹理也千差万别，可以满足人们的不同喜好，装点各色空间。

　　在很多城市，户外空间和花园是如此稀有珍贵，人们对室内植物的需求不断增长，希望为自己的室内环境增添一些绿色。于是吉欧花艺售卖的各种造型奇异的室内植物（例如仙人掌）开始变得大受欢迎。你可以立刻出门买一大堆室内植物带回家，但是接下来你需要知道该如何照顾它们。这就是我能帮忙的地方。这本书将成为你的"植物圣经"，帮助你挑选合适的植物，并告诉你如何正确地照料它们，教授诀窍和技巧，让你的室内花园茁壮成长。

室内植物对健康的益处

　　室内植物有益健康，它们可以释放氧气、控制湿度并且净化空气。室内花园对很多人来说是巨大的快乐源泉，也可以成为远离外部尘嚣的避风港。无论是住在小公寓还是乡村大别墅，只要在家里种上一些植物，你就会感受到健康状况的改善以及整体幸福感的提升。

植物造型的关键是因地制宜。例如，浴室里很适合种植空气凤梨（Tillandsia）、铁线蕨（Adiantum）和苔玉，因为日常洗漱时扩散的水汽有助于这些植物生长。如果你拥有一间温室或温度较高的房间，那就很适合种植蕨类、棕榈科、多肉植物和仙人掌科植物，因为它们都喜欢这样的高温环境。大多数植物不喜欢正午的直射阳光，所以在家中摆放植物时尤其需要注意这一点。室内植物的最大杀手是浇水过多。如何正确地给植物浇水，请参考第130～135页。

为家里增添一些绿植非常容易，而且你能立刻感受到由此带来的变化。你可以用多肉植物装饰窗台，可以从窗帘杆上垂下活力满满的编织挂篮，或者尝试一些更大胆的东西，比如华丽的琴叶榕。你也可以尝试摆弄花盆，比如给植物换上漂亮的陶瓷花盆或金属花盆。园艺不一定需要巨大的开销，你可以从朋友或当地植物商店得到免费的扦插材料自己繁殖。书中也有章节专门介绍适合新手的植物（参考第37页），以及如何用一些亮眼并且易于种植的植物装扮自己的生活空间。

希望通过阅读本书，你能了解如何种植和养护室内植物，并和朋友们分享这些知识，让他们的植物也能茁壮生长。

制作大理石纹花盆

旧的或全新的陶土花盆都可以用来制作大理石纹花盆，但旧花盆会更有质感和魅力。你需要确保花盆表面未上釉、干净无污渍，否则颜料无法附着。在吉欧花艺，我们用的是斯科拉（Scola）彩色颜料，市面上还有许多不同品牌的颜料可供挑选。你可以同时制作一个大理石花纹的陶土托盘，用来搭配花盆。

你需要准备

- 3~4种不同颜色的颜料
- 一个装有清水的大水桶
- 一根木棒
- 未上釉的陶土花盆
- 橡胶手套（可选，我更喜欢把手弄脏！）
- 废报纸或塑料薄膜
- 刷子
- 密封胶
- 选好的植物

操作步骤

1. 在装有清水的桶中滴入之前选好的颜料，每种颜料2~3滴，然后用木棒转圈搅拌。

2. 捏住花盆一侧，将花盆侧着浸入水中。此过程中手尽量不要抖动。然后将花盆稳稳地拎出水面。操作时可以戴上橡胶手套，但我更喜欢把手弄得脏脏的！

3. 重复步骤2。你也可以在这个过程中换水，重新加入不同的颜料，让大理石花纹更生动。

4. 继续把花盆浸入水中，直到整个花盆表面覆满颜料，得到令你满意的花纹。注意不要抖动花盆或者将花盆整个浸入水中，这样会破坏花纹。

5. 将花盆立着放在废报纸或者塑料薄膜上，防止表面未干的颜料被蹭花。静置至少3小时来让颜料干透。

6. 用刷子给花盆涂抹密封胶，防止植物接触到颜料中的有毒物质。静置等待密封胶彻底干透（大概需要两小时）。

7. 一旦密封胶干透，就可以种上你喜欢的植物并骄傲地展示啦！

目 录

第一章
CHAPTER ONE

开启室内
园艺之旅

GETTING STARTED

如果空间足够大，摆放龟背竹这样的大型植物，可以营造出令人惊叹的空间结构感。

为你和你的家挑选合适的植物

你已经决定要加入室内植物爱好者大军了。但是，在开始挑选植物前，你需要先退后一步，环顾所有的房间，回答下列问题：房间有多大？你是想要丛林风格还是小而精致的风格？光照条件如何？可以悬挂吊篮吗？有哪些地方可以摆放植物？是只能在橱柜上放几盆，还是有一整个书架可供发挥？

　　首先要考虑你的空间与哪种尺寸的植物搭配最为和谐，是适合摆放多个小型盆栽，还是更适合单独放置一株大型吸睛植物？大型植物需要足够的空间来展现它们的结构和质感。如果空间不够的话，还是不要勉为其难了。

　　大型植物在现代简约风格的开阔空间里更具美感。如果你的空间比较局促拥挤，我更建议添置一些有特色的小型盆栽。

　　如果你是完完全全的园艺新手，那么中小型的耐寒低养护植物是你的首选（参考第37页）。当新叶萌发时，你就能体会到园艺带来的乐趣了。

　　我会指导你如何搭配植物与花盆，也会告诉你搭配的禁忌。总的方针是"二一原则"。对于大型盆栽来说，植物占总体积的三分之二，花盆占三分之一，这样视觉效果比较好。但也不必死死遵循这一原则，在实际操作中，你可以根据自己的需要来调整。大型花盆搭配低矮的富有质感的植物，比如豹纹竹芋（Maranta leuconeura），视觉效果十分惊人，会让花盆变得更加显眼。如果栽种小型植物，让它溢出花盆边缘，整个盆栽的焦

点就会聚集于植物本身。

除了使用盆栽植物，我还将展示其他用植物装饰家居的方法，比如制作玻璃盆景（参考第120～123页和第146～149页）、悬挂苔玉球（参考第74～77页），或者编织把蔓生植物悬挂到天花板上的植物挂篮（参考第20～25页）。需要注意的是，植物和容器要与房间的风格一致，这样才能让家居环境变得更加美观。

书柜和书架是摆放绿色植物的好地方。在你最喜欢的书旁放一些蔓生植物，比如爱之蔓（Ceropegia woodii）或心叶蔓绿绒（Philodendron scandens）。在咖啡桌或低矮的置物架上摆放一株引人注目的植物或是一系列多肉植物组盆，更容易引起人们的注意。我喜欢将植物以奇数数量组合，但如果你是极简主义者，偶数数量的植物排列成网格或几何形状会营造出非常有条理的效果。你可以自由发挥！

德国著名建筑师密斯·凡德罗（Mies van der Rohe）有句名言：少即是多。但这句话并不适用于植物爱好者。对于他们来说，植物往往是越多越好，而且他们很快就会沉迷于照顾收集来的植物。让植物组合赏心悦目的关键在于挑选出形状和质感互补的植物。如果你正在进行室内装饰，你所选择的植物应该与放置的空间相匹配。不要妄图把一株巨大的龟背竹塞进小小的浴室里，那样看起来就是不对劲！它应该拥有足够的空间来展示它那夸张奇特而又充满结构感的外观。不要害怕尝试，你可以把植物放到屋子的不同位置来寻找最佳效果。

许多普通的室内植物因其美妙的叶子而受到人们的喜爱，有些叶子看起来就像彩色的丝绸。不同形状的叶片以及各种斑点、褶皱、绒毛、尖刺、缺刻（凹凸不齐的叶片边缘），使得神奇的植物世界如此有趣。因此，除了考虑放置植物的空间，你还得想好是选择色彩鲜艳的植物，比如彩虹竹芋（Calathea roseopicta），还是简单却引人注目的植物，比如镜面草（Pilea peperomioides）。

相比而言，一些植物会需要更多关注，所以无论是选择雕塑般的大型植物还是小型的仙人掌盆栽，都要事先确定好你能承担多少养护工作。除了考虑房间的美观，你还需要考虑环境条件。有些植物需要大量的光照（有关光照水平的更多信息，请参考第32~35页），有些则需要更高的湿度。你的目标是模拟植物的原生环境，让其茁壮成长。

植物生存需要六种关键的营养元素，即碳、氢、氧、氮、磷、钾。其中，碳、氢、氧可以从水和空气中获取，而氮、磷、钾则来自生长介质。地栽时，后三种元素会得到自然补充，但盆栽植物则需要我们在土中养分耗尽时手动施肥。我建议使用有机肥料，它不仅能给植物提供养分，还能改良土壤。

将墙壁刷成明亮的颜色或是贴上鲜艳的墙纸，再放上一棵极具造型感的植物，效果立竿见影。

龟背竹 观赏凤梨

鹿角蕨

文竹在英语中常被称作asparagus fern，字面译为芦笋蕨。但事实上，它根本不是蕨类，而是一种攀缘型的常绿草本植物。

贯众蕨

镜面草

文竹

印度榕

波士顿蕨

大琴叶榕

为了让空间视觉最大化，可以在你的书柜或床头
柜上点缀一些蕨类植物或显眼的空气凤梨。

窗台和桌面是摆放各种不同大小植物的好地方。选择
纹理和颜色搭配适宜的组合以获得最佳效果。

植物编织挂篮是窗边的一道风景（参考第20~25页）。它们易于制作，是完美的室内装饰。

开启室内植物之旅的八大黄金法则

1. 避免过度浇水
过度浇水是造成室内植物死亡的主要原因（参考第130~135页，学习如何正确地给室内植物浇水）。

2. 让植物休息
很多人都不知道，几乎所有植物都有休眠期——大部分植物会在冬天休眠。这个时期内，需要少浇水少施肥，让环境变得凉爽一些。

3. 增加额外的湿度
室内栽种植物时，中央空调或者是其他供暖方式会让室内空气变得非常干燥。此时给空气增加湿度就变得十分重要（参考第128~129页，学习如何操作）。

4. 注意观察植物状态
不论是行家还是新手，照料植物的时候总是会碰到一些问题。一两只小害虫可以很轻易地去除，但如果遇到了严重虫害，那故事就到此结束了。浇水过量一开始也并不会致死，但如果持续这样浇水，就会杀死植物。注意观察植物的状态，一旦出现不良反应（参考第136~140页）就立刻停止浇水。

5. 植物喜欢群居生活
当你把植物摆在一起时就不难发现，若有同类相伴，它们会长得更好。

6. 学会换盆
有些植物生长缓慢，而有一些则生长迅速，所以你需要跟上它们的步伐。学会换盆，以免家里的植物撑破花盆长满房间（参考第110~117页）。

7. 选择合适的植物
生长在雨林环境中的美丽稀有植物无法在寒冷狭小的公寓中存活。即便你是园艺专家，也无法让阴生植物在阳光灿烂的窗台生长。

8. 购买一些工具
喷壶是必需品，可以让你轻松地给植物浇水，同时增加空气湿度，减少灰尘。托盘则是给植物浸盆浇水的利器。高质量的肥料能让植物看起来更健康。

人字梯是有范儿又简单易得的植物展示架，上层可以摆放叶子繁茂的大型植物，下层可以摆放小型仙人掌和多肉植物。

引人注目、充满活力的橡皮树也被称作"印度榕"，可以长到15米高。

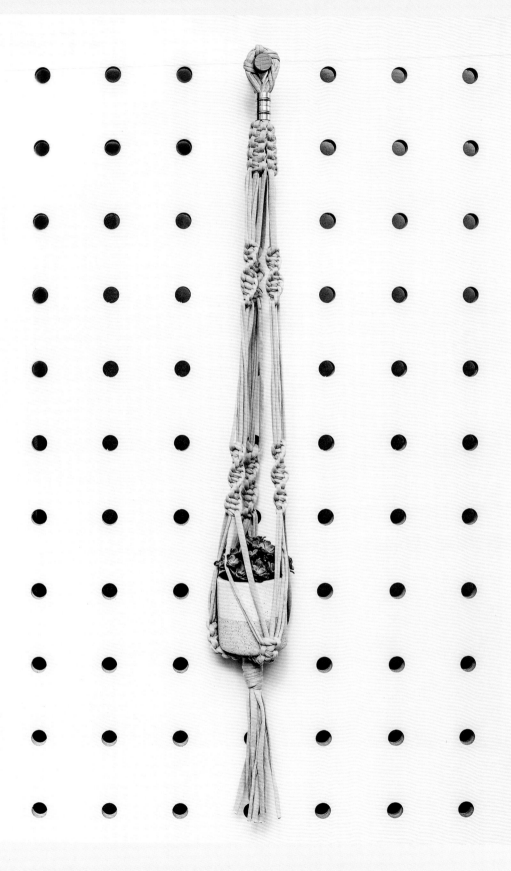

制作植物编织挂篮

植物编织挂篮在20世纪70年代时非常流行，现在它们高调回归了。如果你的架子或者地面已经没有摆放植物的空间，不妨用挂篮将植物高高挂起，这一搭配组合将成为非常有特色的家居装饰。编织挂篮十分有趣且制作简单，能为单调乏味的空间带来不同的色彩和质感。随着植物不断生长，它们会从挂篮外侧垂下来，十分漂亮。

你需要准备

- 6根3米长的棉绳，也可以把旧毛衣的绒线拆下来重新利用
- 1根直铜管
- 1根15厘米长的棉绳或旧毛衣上拆下来的绒线
- 直尺
- 剪刀

操作步骤

1. 将6根长棉绳梳理整齐后对折，这样你手中就有了12根线绳。将线头全部穿过铜管，然后将铜管挪到靠近绳子对折点的位置。此时铜管一头是一个线圈，另一头是12股松散的线绳。

2. 将15厘米长的棉绳穿过铜管，直到一半长度与线圈在同一侧。将穿过来的线绳缠绕在线圈上固定，确保线圈不会脱出铜管，再将剩余线头塞回铜管内隐藏好。

3. 把线绳分成3组，每组4股。每一组的4股线绳中外侧两股是编织线，中间两股是芯线。

4. 打平结。将右侧编织线放到两股芯线上方以及左侧编织线的下方；左侧编织线绕到右侧编织线和芯线的后方，从右侧编织线和芯线形成的圈中穿出；同时拉紧左右两侧编织线将这个半结贴近铜管。接下来反向重复这一步骤，完成一个完整的平结。将左侧编织线放到两股芯线上方以及右侧编织线的下方；将右侧编织线绕到左侧编织线和芯线后方，从左侧编织线和芯线形成的圈中穿出；同时拉紧两侧编织线让这个半结紧贴第一个半结。

5. 重复上一步骤，直到打出7个排列紧密的平结。剩余两组线绳重复上述操作。

6. 再回到第一组线绳，空出7厘米的长度（可以用直

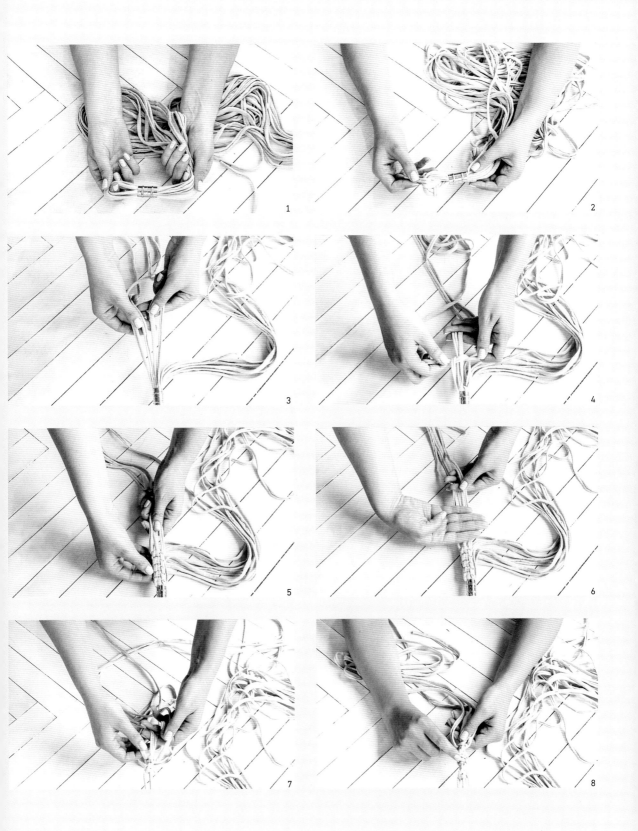

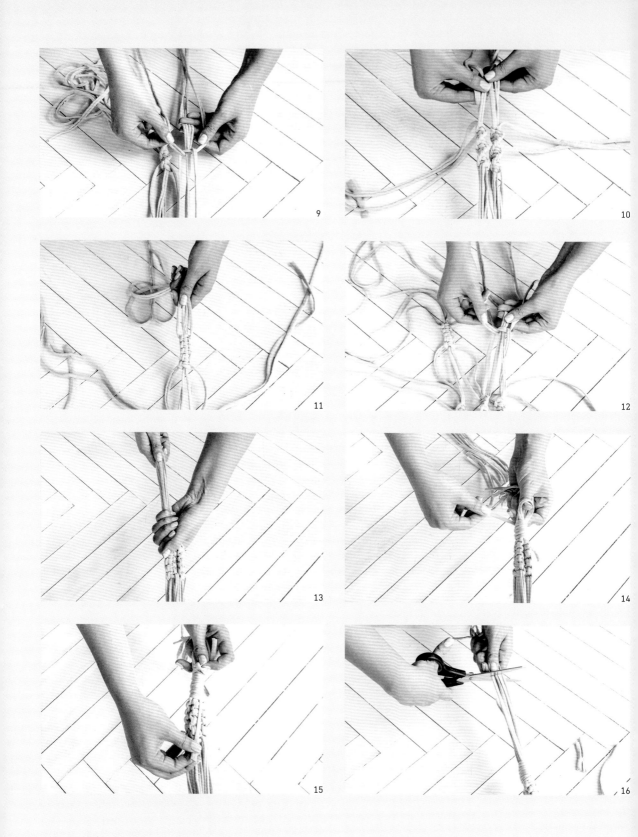

尺量），或者空出大概4指的距离。

7. 在这个间隙下方，打出一条螺旋结。将右侧编织线放到两股芯线上方以及左侧编织线的下方。将左侧编织线绕到右侧编织线和芯线的后方，然后从右侧编织线和芯线形成的圈中穿出，同时拉紧两侧编织线。

8. 将步骤7重复操作6次，打出一条由7个半结组成的螺旋结。

9. 在剩余两组线绳上同样打出7个半结的螺旋结。

10. 回到第一组线绳，再次空出7厘米，然后重复步骤7~9。

11. 将一组绳中的右边两股与相邻一组的左边两股组合成新的一组4股绳。

12. 在新组成的4股绳上空出5厘米，然后重复步骤4打出4个平结。

13. 重复步骤11，然后重复步骤4，将剩下的两组也编好。

14. 留出流苏的长度，从最长的绳上剪取50厘米长的绳线。

15. 用剪下来的这段短绳在紧邻4个平结的正下方打上一个集束结，将12股绳合在一起。先将短绳一端折起10厘米，形成一个线圈。将线圈开口朝上，紧贴着平结下方放到线束上，让一长一短的两个线头朝向平结。用长线头绕着线束和线圈向下缠6至7圈后穿入线圈，最后拉动上方留下的短线头直到底部的线圈完全收入缠绕部分。

16. 将剩下的绳头剪齐做成流苏。

第二章

挑选
合适的植物

CHOOSING
THE RIGHT PLANT

选择健康的植物

购买植物时，一定要花点时间耐心检查植株是否健康，这样才能确保植物到家后茁壮生长。最糟糕的事情莫过于，当时没有留意到浇水不当的迹象，带回家后才发现植物只剩几周的生命了。

你可以买不同尺寸、不同生长阶段的植物，但是你会发现园艺中心的大部分植物都是以小盆的形式出售的。这些都是籽播苗或者扦插苗，所以你需要特别仔细地挑选健康的植株，它才有希望在日后茁壮生长。

物以稀为贵，一些生长缓慢或者难以繁殖的植物，价格自然会比其他种类要高一些。市场上有非常多的植物可供挑选，它们不同的价格和尺寸可能会让人困惑。有些盆景树虽然尺寸小，价格却高得惊人，那是因为它们可能已经有60多年的树龄了。然而一些两米高的袖珍椰可能只要一半的价格，因为它们相对来说生长迅速并且容易繁殖。

如果你需要大量的绿色，但是资金又有限，那么不妨购买一些可共生的小型植物，将它们组合到一起可以立即打造出丰盈的效果。向你的朋友要一些扦插素材，也是一种经济节约的方式。我总是去妈妈的温室"借取"插穗，她那里的植物似乎都有着神奇的魔力。

挑选健康植株的窍门

> 强壮健康的叶子

> 结实的茎干

> 整株植物无虫害症状（记得检查叶子背面以及整根茎干，很多害虫
  会在这些地方伪装、躲藏）

多肉植物不需要太多维护，易于繁殖，是完美的入门植物，适合大多数家庭。应将它们放置在光照最好的窗台上。

采光与遮阴

　　不同的植物对日照的需求也不尽相同。有些植物喜欢尽可能多地晒太阳，而另一些植物则喜欢阴凉的地方。掌握各个房间的光照条件十分重要。喜欢阳光的植物无法在黑暗的角落里生存，而喜欢在阴凉处生长的植物，则很难在强光照环境中存活。一旦确定了房间的光照条件，你就可以相应地选择最合适的植物了。

朝北的窗户

　　窗户朝北的房间完全没有阳光直射，最为阴凉。有很多植物喜欢这样的环境，在这里它们可以茁壮生长。洋常春藤（Hedera helix）从书架上垂落下来会很漂亮，而虎尾兰（Sansevieria trifasciata）则将成为房间里的亮眼装饰。

朝东的窗户

　　窗户朝东的房间，根据季节的不同，从黎明到大约上午10点甚至正午，都有阳光直射。清晨的阳光不像下午那么猛烈，所以这样的房间对于那些喜欢柔和光照的植物来说是完美的选择。一旦太阳西落，它们还能享受一段阴凉的时光。你可以尝试在这里种植镜面草，还可以在房间的角落里种植需要完全遮阴的植物。

朝南的窗户

———

朝南的窗户可以让阳光全天照进房间。夏天太阳离地球最近的时候，能从早晒到晚。喜爱阳光和耐旱的植物可以在这种条件下旺盛生长。枝叶繁茂的植物接受长时间日晒，生长速度会变得更快；多肉植物在充足的阳光下生长状态更佳；像芦荟这样的仙人掌类植物既能为房间增加趣味性，又不需要太多维护。

朝西的窗户

———

与朝东的窗户一样，朝西的窗户只能在一天的部分时间里受到阳光直

射。阳光从下午开始照进房间，一直持续到黄昏。然而，房间在早前阳光照射下温度已经升高，一旦下午的阳光照进来，通常要比窗户朝东的房间暖和得多。在夏季的几个月里，窗户朝西的房间会变得非常炎热，所以最适合摆放耐热的植物。不妨试试网纹草属（Fittonia）或十二卷属植物（Haworthia）。

适合新手的植物

如果你是园艺新手，这里有一份非常适合你的植物清单。这些植物易于养护并且价格合理，能为你带来充沛的绿意。

龟背竹
30厘米高的龟背竹价格相当便宜并且生长迅速，你可以在3个月内轻松获得一株拥有美丽叶子的高大植物。

绿萝（Epipremnum aureum）
非常适合新手的入门植物，因为它们基本不需要打理。垂吊品种会匀称地萌发出新叶，搭配编织挂篮非常好看。但是对于猫狗等宠物来说，它们是有毒的。

常春藤（Hedera）
常春藤几乎是坚不可摧的。当它需要浇水时，叶子会变得软塌，迹象非常明显。

吊兰（Chlorophytum comosum）
很好的低维护植物，只要你一周从盆底浇水一次，并不时喷洒些水雾就可以了。经常从叶子末端萌发出易于繁殖的小苗，如果放任不管，很快会泛滥成灾，所以可以和亲朋好友多多分享。

净化空气的植物

　　1989年，美国国家航空航天局（NASA）进行了一项研究，发现一些常见的室内植物可以过滤空气中的有毒物质。2013年，悉尼科技大学（University of Technology Sydney）也于研究中发现，在工作场所摆放植物可以提高人们的工作效率。即便你的办公桌上只有一株植物，也可以减少你37%的紧张、44%的愤怒和38%的疲劳。这些植物放在办公室可以帮助你放松心情，搬进卧室则可以让你睡得更香。

**在美国国家航空航天局认证的能净化空气的植物中，
我最喜欢的是以下几种：**

> 波士顿蕨

> 吊兰

> 垂叶榕（Ficus benjamina）

> 白鹤芋（Spathiphyllum 'Mauna Loa'）

> 虎尾兰（Sansevieria trifasciata 'Laurentii'）

> 香龙血树（Dracaena fragrans）

> 洋常春藤

盆景

我知道你一定在想：盆景可一点都不酷。不过，如果你对它有了更多了解，你一定会和我一样被它深深吸引。如今，传统盆景的确有些过时，但我仍在努力使其复兴。

关于盆景的记载可以追溯到14世纪早期。中国人最先开始将山崖上自然生长的低矮植物移栽到观赏容器里，摆于家中，欣赏这些迷你树木的奇特虬曲之美。日本人将其发扬光大，并为它们起名"盆栽"，意为种在浅盆里的植物。

制作盆景通常选用乔木或者灌木。植株可能直接采自野外，它们通常受自然环境的雕琢而变得矮小。但对多数人而言，很难这样获得一株盆景植物。与之相比，从园艺中心或找专业的盆景种植者购买会简单许多。当然，你也可以挑战更高难度：从扦插、播种、嫁接开始，亲自培养、制作一盆盆景。播种培养的盆景植物并不会自然长成低矮的小树，因此学习如何修剪和制作盆景尤为重要。

盆景树木的日常养护和户外植物相同：土壤千万不能干透，否则树木会枯死；需要良好的介质和充足的营养才能长得苍老遒劲；与其他植物一样，空气和阳光缺一不可。

你或许会碰巧遇见上百年树龄的盆景，标价奇高。毕竟物以稀为贵，

何况这种盆景还需要多年的培育与呵护。但作为一项爱好，我认为亲自培育盆景要比斥巨资购买别人的作品更加令人兴奋，也更能为自己的养护水平感到自豪。

你可以从园艺中心或专门的盆景苗圃直接购买培育成型的盆景，那里的盆景通常质量上乘。但依旧有一些要点需牢记：除了挑选树木的年龄和造型，还要检查植株是否健康；盆土应当湿软，不能干得像石头般坚硬；叶片要健康鲜亮，不能有病斑或焦黄；整棵植株要稳固地栽于盆中，盆器应有底孔。

有一个养护盆景植物的小秘诀，就是不要一直把它们养在室内。如果天气适宜，也要将它们放到室外，接受阳光的照射和雨露的滋润。

人们总是认为盆景需要费心养护，其实不然。只要每天适当地喷点水，它们就能健康生长，把家居装点得美观时尚。

盆景养护

盆器 / 盆钵

———————

在一个完整的盆景作品中，盆器的作用就如同一幅画的画框，应当和植物相得益彰，不能太过突兀而喧宾夺主。盆景植物往往会在同一盆器里生长两到三年，所以应当仔细挑选盆器，并多加爱护。

形状和尺寸

盆景容器形状各异、颜色不同、大小不一，从微型盆景的迷你小盆到高45厘米的大盆，应有尽有。不同样式的盆器适用于不同类型的盆景，比如宽大的浅盆可以用来制作微缩景观，而高深的千筒盆往往适合垂悬的瀑布造型。不过对于新手来说，一个浅浅的椭圆形盆器就已经足够应对大多数的盆景造型需求。

盆器的具体尺寸也要受到诸多约束。其体积应当是上部植株的三分之一到一半。一般来说，植株低矮且枝叶开展的盆景造型，比如斜干式，盆宽应当至少达到树高的三分之二；造型高耸挺拔且树形紧凑的双干式，盆口要窄于整个树冠幅度。盆的深浅要和树干粗细基本相同（悬垂的瀑布造型除外）。

盆景树木和其他植物一样需要空气和光照

叶片应当鲜亮健康

盆景植物的根系易干却不擅于吸收水分

整棵植株应当稳固地栽种在盆器里

盆土应当潮湿但不能太闷

盆器底部要有排水孔

颜色

通常，为了把焦点聚集于植物本身，盆器的颜色大多较为低调，以棕色、深蓝色或者绿色为主，使用时还要和植物的主色调相配。尽管在吉欧花艺，我们挑战传统，选用更为现代的盆器，为观花树木搭配颜色更加鲜亮的盆器，但遵循色系搭配、选择映衬盆景色调的盆器，总归没错。盆器的表面可以上釉，但内壁最好避免。

排水孔

所有盆景容器都要有排水孔，既可以排出多余水分又能保持根部的空气流通。排水孔要用细密的网纱覆盖，防止土壤从底部漏出。盆景植物的根系并不擅于吸收水分，根部很快就会积累过多水分，因此排水顺畅就成了保持盆景植物健康生长的关键。

用土

盆景的土壤不仅要保持足够的湿度，还要能迅速排走多余水分以防烂根，因此最好使用专门的盆景栽培土和赤玉土。赤玉土是一种天然形成的物质，可以添加到盆景栽培土中混合使用。

浇水

———

　　季节变化对浇水的影响很大。在炎热的夏天，可能需要每天浇两次水；但到了冬季，可能几周浇一次就足够。其实，浇水量的多少，取决于盆土的干湿程度，只要在盆土变干时，适当浇水保持土壤湿润即可。务必及时浇水，土壤一旦脱水就很难再恢复。

　　带花洒的小水壶是很好的浇水工具，花洒上的小孔能制造细密的水雾，好氏（Haws）的洒水壶是我的最爱。夏季浇水，应当避开酷热的中午，在早晨或傍晚进行。

施肥

———

　　盆景植物需要定期施肥。你可以使用液体肥，也可以用颗粒肥。液体肥见效迅速，但很快就会消耗殆尽；颗粒肥释放肥力缓慢，持续时间更长，更适合盆景使用。

　　新上盆的盆景植物在第一个月内无须施肥，因为新鲜的栽培土中已经含有足够的养分。此后在春夏两季，每隔10至12天要施加一次稀薄的液体肥。到了冬季，则要避免施肥，若的确需要，应在盆土湿润时进行。

蟠扎

———

　　盆景蟠扎，就是用金属丝在树干及枝条上捆扎缠绕，将植物塑造成预期的造型。学习蟠扎技巧并不容易，而且需要大量练习。初学者可以用普通树木学习判断蟠扎的松紧——如果蟠扎得太紧，会勒破树皮；如果太松，金属丝又会从树上滑落无法定型。设计造型时，还要充分考虑各个部位，尽量做到无论从哪个角度观赏，盆景都能协调美观。

蟠扎前，最好适度弯曲枝条，使其更加柔韧。蟠扎宜在冬季进行，此时枝条生长缓慢，可以有更长的时间弯曲定型。蟠扎后，还要继续保持12～18个月才能解除。因此，蟠扎造型的过程着实漫长。

如何蟠扎

将金属丝一端插入土中，从主干基部开始，沿着45度角进行缠绕。若缠绕的角度过小，枝条将无法固定。

修剪

整形修剪贯穿盆景植物的整个养护过程。你一定要敢于修剪，因为这对盆景植物的生长至关重要。只有不断修剪，才能维持盆景的造型，将先天高大的植物控制得迷你小巧，让植株显得更加古朴苍劲。你还可以通过蟠扎将植株塑造成各种造型，但这往往只适合年幼的树苗。对于树龄超过两年的植株，只能通过修剪来整形。盆景修剪多以轻度为宜，但要时常进行，这样才能促使植株持久匀速地生长。

修剪的技巧尤为重要。不仅要剪去枯枝病叶，保持植株健康；也要剪去足够的枝叶，使树冠的冠幅与根系的大小相平衡，避免盆景头重脚轻。

除了维持盆景造型，时常修剪还能保持叶片小巧，促进花芽分化。

修剪工具要保持洁净锋利，因为肮脏粗钝的工具容易传播疾病和虫害。植株重度修剪后，要为伤口涂抹保护剂。修剪不可操之过急，需要足够的时间和精力；也不可贸然行事，务必保持冷静。

工具

　　每种爱好都需要相应的装备，园艺中当然也有各种吸引园艺爱好者的工具，而盆景尤甚——你总能在市场上发现各种产自日本的精美工具。然而，初学者并不需要一下子备齐所有昂贵的工具，陆续收集适合自己的即可。基础工具包括叶芽剪、叉枝剪以及铁丝剪。刀具尺寸要根据盆景大小选择，千万不要用巨大的工具去打理小巧的盆景。

修枝

　　修剪前，要先确定好植株的朝向，根据其自然形态选择最为合适的造型（参考第51～57页）。然后剪除枯枝、病枝，以及主干下半部分所有朝前生长的枝条。修剪时，要将切口剪至芽点上方，你希望枝条朝哪个方向伸展，保留的这个芽点就应当朝向何方。尽量让切口略微向下倾斜，避免水滴留在上面造成植株腐烂。

　　确定好需要保留的枝条后，将其他反向生长的枝条全部剪除。若有多根枝条着生在树干的同一高度，只能保留一枝，其他要悉数除去。所有保留的枝条应当螺旋排列于主干之上，最终形成底部稀疏、树顶浓密的完美造型，而这也是盆景树桩最美的特征之一。

　　以上方法同样适用于修剪枝干上的细枝。如果有些枝丫无须盘旋罗列，则不剪也罢。

剪叶（摘叶）

　　至少两年树龄的健壮植株才能承受这项操作，因为新上盆或刚修剪的植株往往过于虚弱。摘叶应当在夏初新叶萌发之前进行。它是盆景造型的秘诀之一，能促进新芽萌发，缩小植株叶片，还能让你收获美丽的秋季景色。摘叶时，剪去部分或所有叶片，但要保留叶柄，植株会认为秋天已经来临，自动将其脱落，并在腋芽处长出美丽的新叶。

换盆及修根

盆景植物每两三年要换一次盆，多于春季进行。为了维持植株小巧，更换的盆器应当与原盆大小相当，或稍大一些。还要准备好纱网、消过毒的沙砾、盆景专用土以及赤玉土。要为养护多年的盆景翻盆换土，的确有些让人犯难。但参照以下几点细心操作，却也并非难事。

1. 将新盆清洗干净，用网纱盖住排水孔。

2. 在盆底铺一层沙砾。将盆景专用土与赤玉土按2：1的比例混合后，装入盆中，盖住碎石。

3. 用手掌根部轻轻捶打盆景的盆器外侧，待植株根系松动后取出。

4. 从外向内，小心地去除旧土并用手指将根系散开。剪除所有枯死的根须，再根据植株年龄将整个根系剪去三分之一到三分之二。

5. 把植株小心放入新的盆器中，避免损伤留存的根系。将土填到距离盆口两厘米处，最后再撒上一层细碎的盆景专用土。

6. 移栽后浇透水，48小时内避免阳光直晒。栽培土中已经含有足够养分，一个月内无须施肥。

盆景造型

盆景树桩在盆器中的角度多有不同，有的竖直向上，有的水平伸展，甚至还有的向下悬垂，盆景造型也以此区分。你可以将多种造型混合，也可以一心一意只坚持一种造型。

大自然中，树木受到生长环境和气候的影响，尤其在风的作用下，会长成各种形态。比如岩石边的树木，总是先朝着远离岩石的方向斜向生长，获得一定空间后就笔直地追逐阳光而去。而人们在家中培育盆景，需要不断地修剪并蟠扎，才能效仿自然树形，长成各种特定形态。

直干式

树干直立，适合云杉属、落叶松属、刺柏属，榉树以及银杏等树种。

如果一棵树生长在没有竞争也没有强风的环境里，只要营养和水分充足，它就会自然地笔直生长，形成下粗上细的圆锥形树干。但千万不要将枝叶修剪得完全对称，上部枝条要比底下的更细更短，侧枝应从主干上水平展开，整棵植株要与盆器相平衡。

斜干式

　　树干向一侧倾斜，几乎适合所有树种。大自然中的树木会被强风吹往一侧；如果把植物种在阴凉的环境里，它也会倾斜着趋光生长。斜干式的盆景，树干或笔直，或些许弯曲，但它和盆器的角度应保持在70~80度。

风吹式

　　风吹式和斜干式相似，同样表现树木在狂风中的形态，但角度比斜干式更加倾斜。风吹式又叫风动式，其形态犹如人们的发梢在风中飘舞。几乎所有树种都适合这种造型。
　　该造型，树干偏向一侧，从四面八方长出的枝条也都被修整得只往一侧伸展，就像强风不停吹袭，树木在风中顽强生长。

曲干式

　　曲干式同样向上生长，几乎适合所有树种。这也是我最喜欢的一种造型，其树干弯曲，底部主干清晰可见，枝条盘旋罗列。

直干式

斜干式

风吹式

曲干式

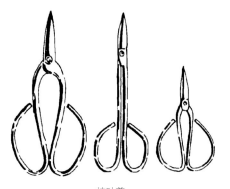

枝叶剪

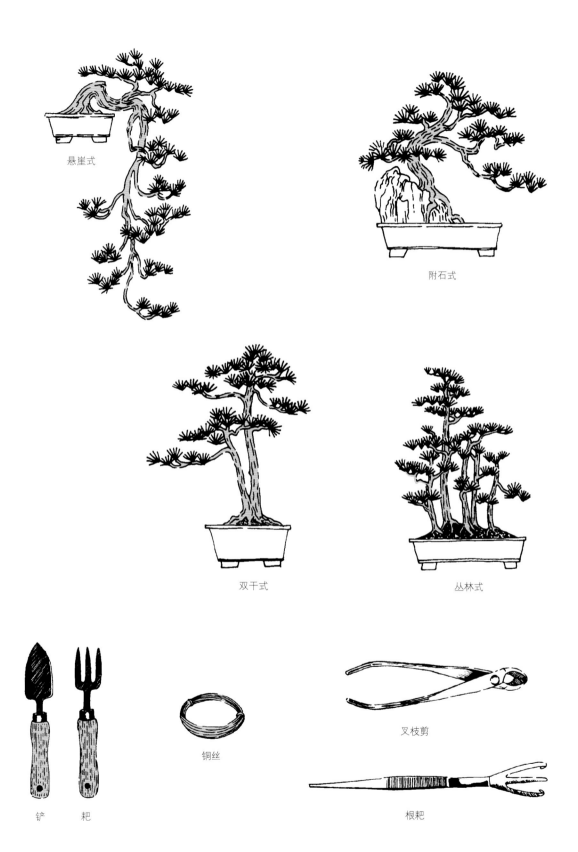

悬崖式

附石式

双干式

丛林式

铲 耙

铜丝

叉枝剪

根耙

悬崖式

悬崖式形似瀑布，需要很长时间的修剪整形，因此也是最为昂贵的盆景造型之一。生长在悬崖峭壁的树木，或因自身重力，或因缺少光照，悬挂于崖壁外侧。悬崖式盆景即模拟了这种形态，树冠垂挂盆外且低于盆器边缘。该造型的盆景植物被迫一反常规，不再向上生长，因此维持植株健康的难度也大大增加。

附石式

附石式即树根攀附石头生长，模仿它在崎岖的山石上穿过石缝努力汲取营养的形态。裸露在外的树根显得古朴苍劲，所以在上盆时一定要让石头和树根如主干一般清晰可见。槭属树种（Acer）和榔榆（Ulmus parvifolia）根系强大，制作该造型再合适不过。

双干式

大自然中常常会有两根树干生长于一处、粗细有别却来自同一根系的情况。制作盆景时，也可以将底部的枝条培育成另一根主干，形成双干式的造型，但要确保该枝条的生长位置不能过高。该造型适合所有盆景树种。

丛林式

———

丛林式又称合栽式，适合所有树种。大自然中，树木倒下后侧枝继续竖直向上生长，形成一片树林。盆景造型中则可将多株树木合栽丛植，但栽种时要注意植株间的疏密，因为一旦种下，植株间距就难以更改了。

栽种板植鹿角蕨

鹿角蕨属的植物因其鹿角般的奇特叶片而被人们熟知。作为附生植物，它们附着于树木生长，以空气、水以及腐殖质为生。

栽种板植鹿角蕨极为有趣。我用了真正鹿头标本的底座，你也可以找一块旧木板回收利用。板植鹿角蕨可以像鹿头标本一样悬挂在壁炉上方，或者家中其他醒目的位置。每三至四天浇一次水，保持苔藓湿润即可。叶片下垂变得软软塌塌，则说明它需要更多水分。

你需要准备

- 鹿角蕨
- 广口的碗或盆
- 灰藓属苔藓
- 喷壶（可选）
- 木板
- U形钉
- 锤子

操作步骤

1. 将鹿角蕨脱盆，用手轻轻剥掉根系外的土壤。在广口的大碗中操作可以避免把土弄得到处都是。植株上宽大的鹿角型叶片为其孢子叶，也叫生殖叶，非常脆弱，小心不要折断。

2. 把苔藓铺平。若苔藓比较干燥，用水喷湿会比较容易操作。

3. 挑选植株最美的一面作为正面。将此面朝外，把根系平铺在木板上。用苔藓包裹整个根系，遮住木板边缘。这一步有些费事，别着急，慢慢来。

4. 调整好植株和苔藓，用锤子和U形钉小心地把苔藓钉在木板上。不能把钉子直接钉在根上，务必要用苔藓裹住根须。有的地方操作起来略微有些困难，多一些耐心，小心不要受伤。

5. 把木板拎起来检查一下是否牢固，如有需要可以适当多钉几个钉子。最后也可以按喜好多加一些苔藓，但务必要先将其喷湿，再用U形钉固定好。

仙人掌

把仙人掌种植在室内会显得非常奇特，它们形似雕塑，养护也极为容易。家里养了宠物也无妨，尖刺可以保护仙人掌防止其他生物靠近。但若家中有幼童，最好还是避免购买这些带有针刺的植物。

人们对仙人掌的态度大相径庭，有人为它深深着迷，也有人排斥万分。被仙人掌刺扎到的时候我也不喜欢它们，更不用说还会有细小的毛刺在手指上残留几个星期。然而，大部分时间里我还是喜爱它们的！并非所有的仙人掌植物都有尖刺，但它们都长着凸起的刺座，其上着生尖刺或细毛。这些尖刺和细毛都是仙人掌的叶刺，有的叶刺甚至长得像毛毡一般，但其终究尖锐，小心不要被刺伤。

仙人掌植物能年复一年地忍受种植者的种种恶习而存活下来，一旦环境适宜，它恢复生长后就会报以令人惊艳的花朵。人们都说昙花一现，千载难逢。但多数仙人掌植物只要养护得当、植株健康，生长到第三年就会开花。花朵生于新长的刺座，因此夏季要多加看护、促进生长，冬季可放任其休眠。

让根系长满花盆，也能促进仙人掌开花。一些高大的烛台状仙人掌可能需要更多时间，不过请相信我，等待是值得的。

仙人掌虽顽强，却不能在潮湿寒冷的环境中生存。冬季最好将其移至

仙人掌极易种植，只需少量浇水即可。

它们喜爱阳光，最好摆在窗边或其他明亮的地方，确保光照充足。

室内，如果移入温室，它也会继续茁壮生长。仙人掌被引入家庭种植已有一段时间，早先的爱好者收集了各色品种，将它们养在温室或阳光充足的房间内。对于家庭种植的新手而言，从仙人掌开始无疑是明智之举，它们不但种类丰富，还易于养护，时不时浇点水即可。

　　仙人掌植物根据原产地可分为森林型和沙漠型。沙漠型仙人掌长满针刺，森林型仙人掌则在林地和雨林中附着树木生长。

仙人掌的种类

沙漠型仙人掌

————

　　沙漠型仙人掌原产于美洲温暖的半沙漠地区。尽管它们被称作沙漠型仙人掌，却鲜少能独自存活于沙漠中。沙漠型仙人掌种类繁多，大多数仙人掌都为此种类型。

　　把沙漠型仙人掌放在屋内光照最好的位置，春季到秋季以室温种植，但冬季温度要保持在10℃以上。如果种在温室里，最热的月份则要适当遮阴。

　　你可以用温水浇仙人掌，春季浇得频繁些；冬天适当减少浇水次数，只要防止植株变皱即可。

　　沙漠型仙人掌最好在幼苗时期换盆。因为它们不喜挪动，如果没有长到爆盆，最好不要换盆。

　　仙人掌极易扦插（参考第144~145页），但取下的插条要晾上几日，待切口干透才能种入土中。

森林型仙人掌

森林型仙人掌的茎形如叶片，多为蔓生。其中，附着于树木生长的丝苇属（Rhipsalis）是我的最爱，因为它一"高兴"就会开出美丽的花朵。在休眠期保持凉爽干燥可以促生花苞，一旦花苞出现就不宜再移动植株。

森林型仙人掌适宜生长在13～21℃的环境中，要求光线充足，但应避免阳光直晒。休眠期结束后要增加浇水次数，花期的养护与普通室内植物相同；生长期要保持水分充足，盆土变干就要浇足浇透，也要经常给植株喷洒水雾。

森林型仙人掌最好在花期结束后换盆。它们极易繁殖，但要确保扦插时切口已经干透。

多肉植物

多肉植物外形可爱，且非常适合懒人种植。它们和仙人掌一样极易养护，并且形态各异、大小不一。只要在书架上或窗台边放上几盆，就能拍出一张美照，无须修饰且构图完美，发到社交软件上一定能让你获赞无数！如果使用精美的玻璃器皿种植，也可成为最引人注目的装饰（参考第146~149页）。

许多人觉得多肉植物和仙人掌是一回事，毕竟大多数仙人掌也被归类为多肉植物。然而除了仙人掌，多肉植物还有许多其他种类。两者的区别主要在于有无凸起的刺座，所有仙人掌的毛刺都从刺座上长出，其他多肉植物却不长刺座。非仙人掌类的多肉植物需要的生长条件与仙人掌略有不同，它们的需求虽然比仙人掌稍微多些，但养护起来依旧十分简单。

通过肥厚的肉质茎或肉质叶片辨别多肉植物的办法直截了当。在它们的自然栖息地，许多多肉植物将叶片紧凑地排列成莲座状，以减少水分蒸发。

植物分类中有近40个科属中都含有至少一位多肉成员，因此，有数百种选择也就不足为奇了。它们造型奇异、色彩缤纷，花和叶的形状也千变万化。它们喜欢充足的阳光，带着"低养护"的标签，已然掀起了一股种植热潮。多肉新手不妨从石莲花属（Echeveria）和长生草属（Sempervivum）开始，因为它们品类众多，无须其他植物就能形成一个有趣的组合。

多肉植物容易养护又易于繁殖，也非常适合孩子们种植，能为他们带

来许多乐趣。扦插是常用的繁殖方法，截取枝条或叶片（参考第143页），放置一两天，等切口晾干后再埋入土中。扦插后少浇水，切勿覆土。

如何让多肉植物保持健康

多肉植物可在室内种植，冬季温度应保持在10～13℃。明亮的窗边、朝南的窗台是最佳位置。在炎热的季节最好适当遮阴，此时浴室就成了放置多肉植物的完美场所。春夏秋季，待盆土表层干透，再用浸盆法浇灌植株根部（见干见湿）；冬季则可以彻底忽略它们，一两个月浇一次水足矣。多肉植物并不需要太多水分，浇水过多是杀死它们的主要原因。给叶片喷洒水雾也是个好办法，如果植株依旧看起来很干，可以每隔一两周用浸盆法浸透盆土。

如果你看到植株根系伸出花盆，那么可以将其移栽到稍大一些的花盆里。

制作苔玉

苔玉源自日本，是一种可悬挂的苔藓球。与盆栽植物不同，苔玉的根系被苔藓包裹成球形，并以细绳悬挂。波士顿蕨和铁线蕨都非常适合用于制作苔玉，能在苔玉球里健康生长。

我通常把苔玉挂在用来挂画的钩子上，挂在窗帘杆上也很好看。蕨类植物喜欢湿润的环境，浴室或者阳光房都是培植苔玉的理想场所。浇水时，把苔玉球浸入水中10～20分钟，待其吸满水后拎出，轻轻挤掉多余水分。浸泡苔玉球时要保证植株朝上，千万不要让水面没过植株的茎干，只要将球体浸没即可。现在你准备好自己动手做一个苔玉了吗？

你需要准备

- 1勺（约20克）赤玉土
- 2勺约翰·英尼斯（John Innes）营养土
- 2勺爱尔兰泥炭
- 大碗

- 蕨类植物（如铁线蕨），冠幅约30×30厘米
- 一片灰藓属苔藓
- 细绳或金属丝

操作步骤

1. 将赤玉土、约翰·英尼斯营养土和爱尔兰泥炭放入大碗中，混合均匀。如果你想做个更大的或是多做几个苔玉，只需将上述材料按比例增加即可。

2. 往土壤中加些水，搅拌均匀，使其达到轻握成团、一碰就散的湿度。水要多次少量添加，每次添加后都应将土壤拌匀。千万不要一次倒太多水，一旦水分过多就难以去除了。

3. 将植株脱盆，轻轻抖掉根部的土壤，或者用手指小心地梳理，将大部分根系散开。很多人觉得这么做会损伤植株，但事实并非如此，不需要担心。

4. 用步骤2中准备好的湿润土壤从四周裹住植株根部，直到土壤厚度达到两厘米，再用手握成球状，

体积应当与原花盆基本相同。最后轻轻挤出多余水分。

5. 取一片苔藓，把土球放在苔藓中间，再将四周的苔藓向植株聚拢，直至完全裹住土球。但不能包得太紧，这样会使介质过于紧实，挤压植物根系。

6. 用细绳从根团顶端开始，以一定的角度缠绕苔藓，将整个球捆住。然后在球顶绕几圈，小心不要缠到植物茎干，只能绕在苔藓上。再用绳子系一个美观且牢固的双结。

7. 最后，按自己喜欢的长度另剪一段挂绳，系在苔藓球的两侧。这样就可以把自己做的苔玉挂起来啦！

蕨类植物

只要你学会了如何养护蕨类植物，其他的一切都将变得很简单。它们确实需求较高，但只要养护得当，就会一年四季都回报以葱郁绿叶。巢蕨（Asplenium nidus）也被称为鸟巢蕨，非常适合在室内种植。它们对湿度的要求极高，但只要植株健康，阔披针形叶片就会变得光亮醒目。

蕨类植物在维多利亚时代广为流行，被大量种植于温室或玻璃容器中。但炭火取暖极易伤害到它们，蕨类植物的潮流也因此衰退。随着中央供暖的普及，它们再次受到青睐。

大多数蕨类植物并不难养，但它们无法忍受忽视。如果你出门度假两周，忘了要好好照顾它们，它们一定会闹脾气。培植蕨类植物，不仅盆土不能彻底干透，植株周围的空气也要保持湿润。浴室是适合它们生长的绝佳场所，如果种在别处一定要经常喷水。

许多蕨类植物的叶片缺裂成复叶，分离的小叶呈拱形展开，极为美丽。正因为它们叶片精致、株型开展，与其他植物摆在一起时务必要留出足够的空间。如果有叶片枯萎，要及时清除，以促进新叶生长。

波士顿蕨和文竹（并非真正的蕨类植物，但它在英文中常被称作asparagus fern，译为芦笋蕨，因此作者将其归为蕨类）是我最喜欢的蕨类植物，铁线蕨只能位居第三了，因为它不像别的蕨类那么"宽宏大量"，一旦忘记浇水，叶片很快就蔫了。

栽培铁线蕨要保持土壤和环境湿润。
它们栽种起来有些难度，但非常适合养在玻璃容器中。

文竹养护起来最为简单，但也不可完全忽视它。
它美丽的拱形叶片与挂篮十分相配。

如何让蕨类植物保持健康

─────────────

　　蕨类植物性喜温暖，在16~21℃的条件下生长良好。多数人都认为它们是喜阴的植物，但事实并非如此。它们喜欢散射光，朝东或朝北的窗台都是理想的种植场所。它们还喜欢湿润的环境，因此要时常喷洒水雾。平时用要浸盆的方法浇水，千万不要让盆土彻底干透，既保持湿润又不能太闷，防止积水引起根系腐烂。寒冷的季节它们的需水量也会减少，因此冬季要减少浇水次数。大部分蕨类植物生长迅速，需要每年换盆（参考第110~117页）。换盆时要小心操作，不能把茎叶埋到土里，否则会使植株腐烂。

观赏凤梨和空气凤梨

尽管我们的室内植物大多来自热带地区，却没有哪个能像凤梨科植物一般奇异独特。凤梨科是植物分类中的一个大科，人们常说的空气凤梨就属于其中的铁兰属。

观赏凤梨

观赏园艺中涉及的凤梨科植物，通常指的是叶片排列成莲座状，苞片艳丽醒目、形如花瓣的种类，也被人们称作观赏凤梨。它们原产于美洲热带地区，莲座状的叶片组成一个形似花瓶的容器，用以积聚雨水，花朵般的苞片也从这里长出。观赏凤梨易于养护，但浇水时要模拟下雨的过程，把水浇到中间的"花瓶"里。许多观赏凤梨都是依附其他植物生长，从空气、水分以及落于"花瓶"的杂物中汲取营养，而根系只起固定作用。

观赏凤梨在20℃左右的环境中生长良好，最低能忍受10℃左右的温度。它们喜欢温暖，要注意防寒。

空气凤梨

　　植物和园艺也如时尚潮流一般，起起落落。空气凤梨曾在20世纪70年代广为流行，如今又变得时髦起来。许多博主和室内设计师都用它做出了奇特又精彩的装饰品，家居用品商店和杂货店也开始出售这种植物，但店主们对空气凤梨的了解终究不如园艺中心和苗圃的专业人员。空气凤梨完全经得住长途运输，可以从网上购买，但最好还是亲自挑选以检查植株是否健康。

　　购买前应先做一番功课，找出最适合你的种类，再从纹理、形态以及花色等各个方面，挑选出你最中意的植株。一棵正在开花或者即将开花的空气凤梨必然极具吸引力，但花朵终究会凋谢，所以还是要根据植物的整体形态进行选择。

　　当空气凤梨临近死亡时，叶片会变得干瘪枯萎，或者变成棕色，遇到这样的植株千万不要购买。不过基部的棕色老叶属于正常代谢，无须担心。

如何给空气凤梨浇水

　　空气凤梨和海绵一样，如果经常喷水，它就会保持湿润；一旦彻底干透，就要把它整个浸泡才能够重新吸收水分。所以及时浇水对于空气凤梨来说尤为重要，浴室也因此成为放置它们的理想场所。

　　不同的空气凤梨需要用不同的浇水方法，哪种方法适用于何种空气凤梨也常常混淆，甚至有错误的观点认为它们根本不需要浇水，但所有植物都需要空气和水才能进行光合作用。你可以用喷水或浸泡的方法给空气凤梨浇水。如果采用浸泡法，一定要等植株干了才能再次浇水，否则容易腐烂。

1. 种在容器里或放在展示柜中的空气凤梨通常无法取出，每天喷洒水雾是最好的方法。如果这是空气凤梨的唯一水源，就得将水雾喷遍植株，让其吸饱水分。喷水时要小心，不要把水溅到家具和电器上。

2. 霸王空气凤梨（Tillandsia xerographica）等种类最适合短时间浸水。只要倒一碗水，将植株倒扣放入水中，几分钟后取出就好。

3. 也可以将整个植株浸入水中，等待一小时让植株吸饱水分，每周一次就足够了。

用不同大小、形状、纹理的植物搭配塑料花盆或
红陶花盆，创造出一系列的植物组合。

制作三角形空气凤梨支架

霸王空气凤梨本身就是极好的观赏植物，如果利用几何形状的支架悬挂展示，就更为奇妙了。

把空气凤梨放入铜质支架中，既美观又别致。

我喜欢把它摆放在搁板上，你也可以用绳线把它挂在窗边或门口。铜管和其他制作工具通常可以在五金店里买到。

你需要准备

- 1勺（约20克）赤玉土
- 尺子
- 直径2毫米、长约1米的细铜管
- 钢锯
- 铁丝钳
- 1卷直径约1毫米的铜丝
- 霸王空气凤梨

操作步骤

1. 用尺子量好长度，用钢锯锯出3根10厘米长的铜管，以及3根13厘米长的铜管。用铁丝钳剪一段2米长的铜丝。

2. 把铜丝穿入3根较短的10厘米铜管，并在铜管一端剩余1.5米左右的铜丝。铜丝和铜管边缘都很锋利，小心不要被划伤。

3. 把铜管两端相连，折成一个三角形，再将两端的铜丝绕在一起，固定造型。三角支架的底座就完成了。将刚刚剩余的1.5米铜丝穿过两根13厘米的铜管，在铜管连接处折起，和底座的一根铜管组成一个等腰三角形，并用铜丝固定在底座上。

4. 将刚刚那段铜丝穿过底座上的10厘米铜管，再从两根铜管的连接处穿出来，这里还缺一条边。用这根铜丝穿过最后一根铜管，并和底座相连，在连接处多拧几圈，把所有铜管都固定好，防止支架散开。

5. 剪掉末端多余的铜丝，将接头藏到铜管里。最后，将你的霸王空气凤梨找个喜欢的地方挂起来吧！

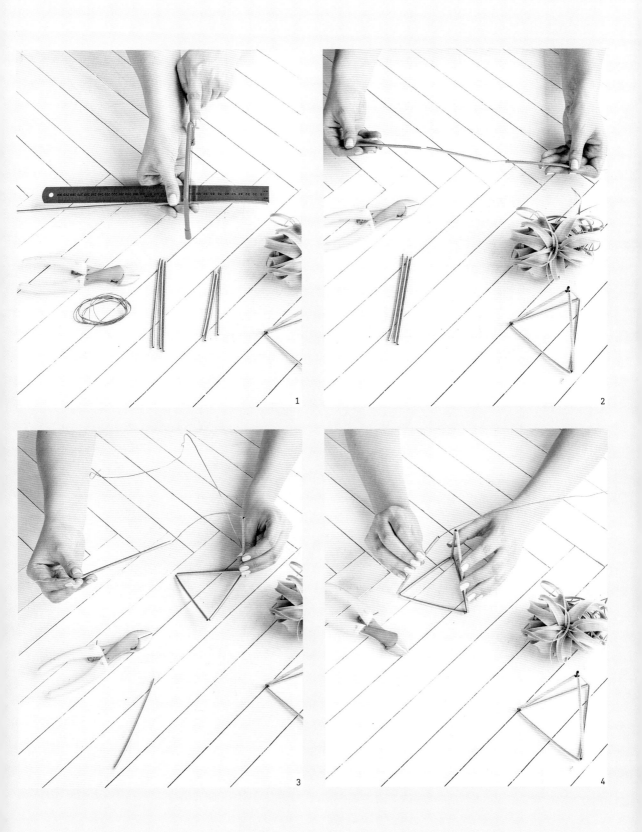

第三章
CHAPTER THREE

工具、材料
与基础技巧

TOOLS,
MATERIALS & BASIC TECHNIQUES

工具

与其他兴趣爱好一样，园艺所需要的工具也有很多种。有些工具十分昂贵，可以等你在拥有一片自己的"都市丛林"后再购入。我最初开始种植的时候只拥有几样关键工具，这些正是入门的必要工具。

基础工具

　　室内园艺离不开各种花盆和种植容器。塑料盆或红陶盆是最基本的配置，市面上也有各色陶盆可供挑选。购买时要查看花盆是否带有排水孔，尤其是用于种植蕨类或其他需要大量水分的植物时。

　　花盆的规格通常用口径描述，以厘米为单位。如果栽种成熟植株，需要准备几个稍大的花盆。盆底垫上托盘，这样不仅可以在托盘里浇水，让盆土从底部吸水，还可以防止花盆里的水漏到家具上。你也可以把带底孔的花盆装在其他不带孔的装饰容器里，但要经常检查，不能让植株一直泡在水里。不论从土面还是从底部的托盘浇水，过几个小时后都要把花盆拎起来，倒掉托盘中多余的水。植株长期泡在水里导致根系腐烂是植物最常见的死因，也是杀死它们最简单的方法。如果不确定浇多少水，少浇总比多浇好！最后，你还需要一个喷壶，用来给植物喷水，增加湿度。

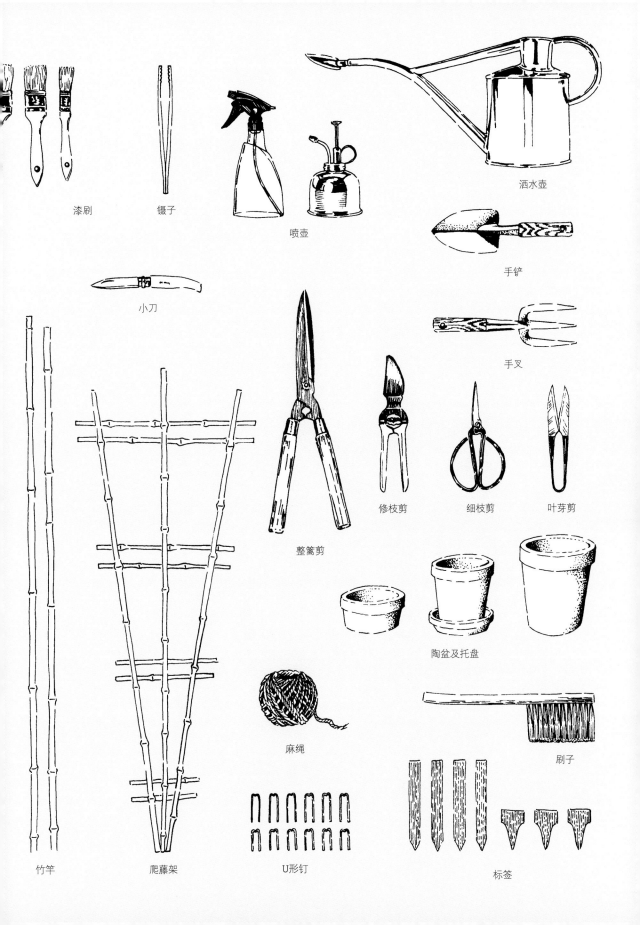

漆刷　　　　镊子

喷壶

洒水壶

手铲

小刀

手叉

整篱剪

修枝剪　　　细枝剪　　　叶芽剪

陶盆及托盘

麻绳

刷子

竹竿　　　爬藤架　　　U形钉　　　标签

等你收集了更多植物，就会需要一些其他的工具来更好地养护它们。本书的实践篇需要用到一些特殊工具，而下列常用工具则能帮你更好地开启园艺之旅。

长嘴细口的洒水壶：我很喜欢好氏的洒水壶。它们造型经典、色彩艳丽，还有多种尺寸可供挑选。其中，黄铜水壶是我的最爱。好氏还有黄铜或银质的喷壶，十分漂亮。当然，塑料喷壶也同样可以为植物喷洒水雾或者打药施肥，但一定要区分使用，错用的液体可能会损伤植物。

园艺剪刀或长柄剪刀：用来去除残花、控制株型，适用于各种修枝剪叶的工作。

根剪：换盆或分株繁殖时使用。

漆刷等小刷子：扫除植株上的沙土粉尘。

竹竿和爬藤架：为植株提供支撑，也可用于固定植物造型，让其适应特定的种植空间。

U形钉：可以很好地固定或拼接苔藓（或水苔）。

麻绳或园艺绑绳：用来固定张牙舞爪的植株。

植物标签：标记植物品种，记录栽种日期。

筷子或镊子：捏取仙人掌的必备工具。

盆栽介质

想要种好植物，介质非常重要。不同植物对养分的需求不同，千万要注意，错误的介质不仅对植株有害，甚至会导致植物死亡。

不要使用普通园土种植室内植物。因为园土中通常会带有草种、虫子甚至病菌，你也一定不希望它们出现在家中！所以请使用盆栽专用介质。

盆栽介质主要分为含土和不含土两种。两者都可以加入沙砾，增强排水性。一些特殊种类的植物则要使用专门的介质。比如多数凤梨科植物需要依附其他树木生长，为附生植物，无法在普通土壤中生存，它们以树木裂缝中积聚的植物性物质和脱落的树皮为生，因此要用凤梨专用介质来种植。仙人掌和多肉植物也应当使用排水性好的多肉专用土。

因为缺乏科学的指导，直到20世纪40年代，人们还不得不自己制作营养土。所以当时的盆栽介质五花八门，并且这些介质配方不稳定，因此品质并不可靠。而配方中未经消毒的动物粪便，也使植物病害变得更为普遍。

为了减少盆栽介质的种类，并使其标准化，英国约翰英尼斯园艺研究所的两位研究人员开发了一套配方，生产出四种适合植物不同生长阶段的营养土。约翰英尼斯育苗土，用于播种育苗和枝叶扦插；约翰英尼斯一号

营养土，适合培育幼苗或者根段扦插；约翰英尼斯二号营养土，普遍适用于各种中型尺寸的盆栽植物；约翰英尼斯三号营养土，适合栽种成熟植株以及一些大型植物。这些营养土的配方于1939年公布，如今英国市售的营养土也多以此为标准。这些营养土的生产过程中还增加了消毒工序以减少病虫害。

美国的一些大学和商业机构也曾致力于研究最佳的营养土配方，但并没有形成这样的标准体系。

美国的园艺爱好者不妨多多研究能够买到的各种营养土，为不同种类及不同生长阶段的植物找到品质可靠的栽种介质。

或者你也可以上网搜索约翰英尼斯的配方，自行配制营养土。总体而言，市面上许多通用营养土、室内植物种植土以及壤土堆肥制作的腐殖土都适用于大部分室内植物。如果你有不确定的地方，也可以到当地的园艺中心咨询，或者上网寻找答案。

含土的栽培介质

含土的栽培介质通常以壤土为基质，将其打碎混合到其他栽培介质中，并消毒去除虫卵病菌。壤土由沙子、黏土和腐殖质组成，是一种自然形成的土壤。它富含营养，既能保湿又具备良好的排水性。现在市面上有一些含土的栽培介质不再使用壤土，相比壤土配方性能却大打折扣，因此最好还是选用带有壤土的介质。含土介质保水性能佳，添加了肥料后还能很好地固定植株。使用时，要将盆土压实。

不含土的栽培介质

传统生产中，不含土的栽培介质由泥炭制成。泥炭天然形成于泥炭地，不仅松软保湿，还富含营养。泥炭地是一个由几种特定植物经过数千年堆积演变而成的稳定生态系统。正因如此，开采泥炭并不环保，为了避免破坏生态环境，最好使用其他介质代替。泥炭及其替代介质都非常容易失水变干，一旦干透又难以补充水分。它们与含土的栽培介质不同，千万不能按压紧实，否则植株根系就会因缺少空气而无法呼吸。

种植复古香草罐头

在吉欧花艺，我们喜欢用复古罐头瓶栽种香草。你可以网购罐头，也可以选择复古风以外的其他造型。香草则要选择能塞进罐头瓶里的小盆植株，可以多选几个品种，我很喜欢罗勒、迷迭香和百里香。奇数数量的植物组合摆放在一起会更好看，我认为在厨房的窗台上摆5盆或7盆植物就非常完美。

香草罐头要保持盆土表面湿润，一旦变干就要及时喷水。但不要直接往罐头瓶里浇水，没有排水孔的瓶子容易积聚太多水分而引起烂根。

你需要准备

- 几株不同种类的香草
- 复古罐头瓶
- 通用营养土

操作步骤

1. 把香草植株脱盆。超市购买的香草盆栽，其根须通常已经塞满花盆并从底孔长出，因此拔取植株时要格外小心。如果实在难以取出，先拨散长出底孔的根系可以让植株松动。

2. 用手指轻轻去除根系周围的土壤。

3. 在罐头底部装入适量的通用营养土，放入植株，尽量让根系顶端低于罐口两厘米左右。然后在根系周围及其上方填入更多营养土。最后轻压土面将植株固定，但不能过度挤压根系。

4. 重复以上三步，种完所有香草。把它们摆放在厨房的窗边，不仅便于烹饪时采摘，更为厨房增添了一丝华丽复古的气息。

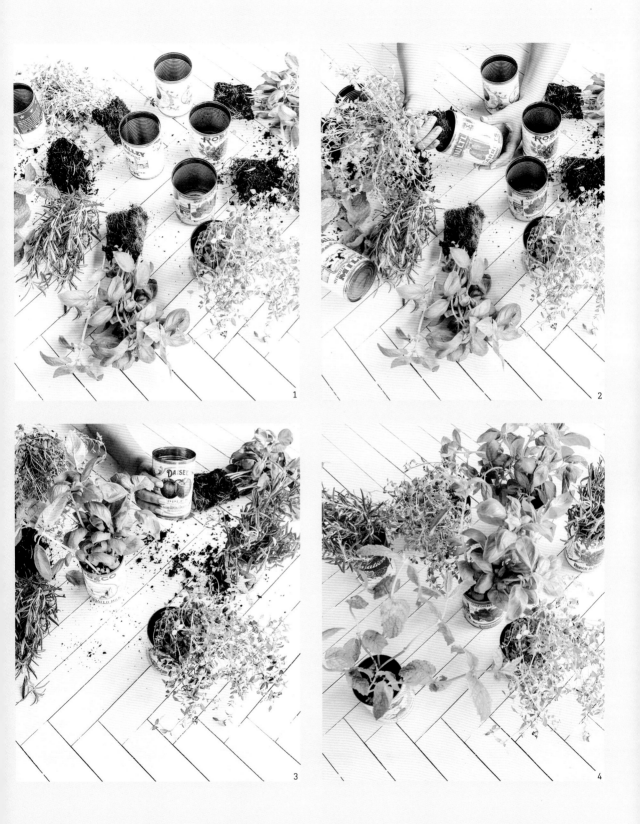

1

2

3

4

翻盆

当植物在生长过程中将介质中的营养消耗殆尽，或者已经没有足够的生长空间时，你就需要将它们从花盆中取出重新栽种，这就是翻盆。

翻盆是园艺爱好者必须掌握的室内园艺技巧。一般来说，植物只要种在合适的介质中就能存活，但一定要使用新鲜的介质，因为种过其他植物的土壤或是来自花园的园土都没有足够的营养。

市面上有专业调配的盆栽介质出售。这种介质既能保水又足够透气，不至于造成积水，还富含植物生长所需的营养。根据植物的大小和扎根情况，大部分室内植物可以使用通用土、室内植物专用土或者以壤土为主的预拌土来栽培。然而这些通用栽培土并不适用于种植兰花和仙人掌等植物。

自给水花盆可以促进植物根部的健康生长。在吉欧花艺，我们使用波士可自给水花盆，它非常漂亮，可以悬挂在天花板上展示。相比每天爬梯子浇水，你只需要每两周往蓄水处补一次水即可。这种浇水方式非常适合忙碌健忘的植物主人。

对于新手园艺爱好者，我建议一开始先使用塑料盆搭配托盘。因为与陶盆相比，使用塑料盆时浇水的频率会更低一些。这点很关键，因为过度

镜面草也叫作翠屏草或象耳朵草，是非常容易繁殖的植物。

浇水是杀死盆栽植物的一大原因。当植物扎好根适应了新环境，就可以将它们移到陶盆或者瓷盆中。当然，陶盆、瓷盆的价格也相对更高。所以当你看中了新花盆，不妨直接买大一号。但是这种做法只适用于生长缓慢的植物，龟背竹等生长迅速的种类则需要经常换盆。

翻盆

翻盆是将已扎根的植物从旧盆中脱出，使用新鲜介质种入同样大小的花盆中。这个过程最好在植物的休眠阶段进行，通常是春季。对于冬季开花的植物，在休眠期结束后的秋季进行翻盆最为合适。可以按照下面的步骤尝试为你的植物进行翻盆：

1. 轻轻按压花盆外侧将植物从盆中连根脱出。

2. 小心梳理植物根系，移除一部分旧土。把植株平放，准备花盆。

3. 清洗旧盆或准备一个同样大小的新盆。可以用石头或碎瓦片垫在排水孔上。但对于塑料花盆来说，这不是必要的，因为塑料花盆底部通常已经有很多个排水孔了。

4. 在垫了碎瓦片（如果有）的盆中加入新鲜的种植介质。放入植物，确保植物垂直立在盆中央，根团最上端距离花盆边缘大概2.5厘米。通过移除或是添加植物根部底下的介质使植物位于合适的高度。

5. 一手扶住植物，一手往植物周围添加种植土。确保植物直立在花盆中间并用种植土将其根部完全覆盖。花盆边缘与土面之间留出一定空间用于浇水。

6. 轻压种植土，使植物保持稳固。注意不要太用力，以免影响排水。

换盆

——

　　起初不要使用太大的花盆，可以从最小号的开始。等根系长满了现在的花盆后再将植物移到大一号的盆中，这样可以确保其始终能拥有新鲜的生长介质和所需的营养。

　　换盆只需在根系长满花盆后进行，通常表现为植物生长停滞，可以通过观察花盆底部的排水孔来判断。如果根系互相挤压缠绕到排水孔处，几乎看不到种植土，甚至已经有根须从排水孔长出来，这时就需要立刻换盆。

　　挑选一个直径比现在的花盆大4厘米的新盆，为根部提供足够的生长空间，把新花盆清洗干净。按照翻盆的步骤把植物移到大一些的新盆中（参考第115～117页）。

翻盆

下面是一些有助于翻盆顺利进行的小技巧。你一开始也许会觉得有些棘手，一旦掌握诀窍，就容易多了。熟练掌握翻盆技巧可以帮助植物更好地生长。

用手指从两侧固定住植株基部。

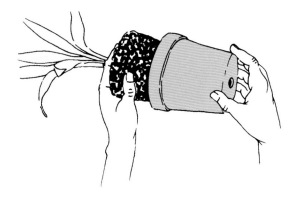

将花盆翻转，轻轻拍打花盆外侧，植物就会从盆中脱出。

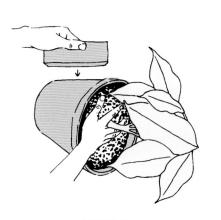

将花盆平放，
用一块木头轻轻拍打花盆外侧。

沿着盆土结合处用小刀
划一圈帮助盆土分离。

让朋友帮助你轻轻地将
植物从盆中拉出。

为根系长满花盆的植物翻盆

将植物从盆中脱出，
如果根须距离花盆内壁很近，
就表明生长空间不足。

大多数植物不喜欢根部在花盆内的空间过于拥挤。

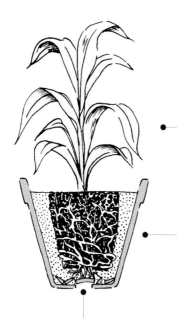

将植物重新种入比现在的花盆直径大4厘米的新盆中

使用新鲜的种植介质

在花盆底部铺碎瓦片或大块的石头帮助排水

仙人掌翻盆

给仙人掌翻盆有一定难度，还要小心不要被扎到！当看到仙人掌根须从花盆底部伸出时，需要立即给仙人掌翻盆。

将铅笔插入花盆底部排水孔，
使根部脱离花盆。

为了防止被仙人掌刺扎到，
可以用毛巾或折过的加厚的纸包住仙人掌。

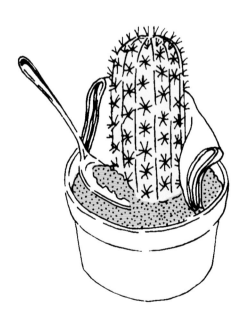

将仙人掌放在新盆中，
在四周填入适量种植土，确保仙人掌在"新家"舒适稳固。

打造玻璃盆景

一个迷你的玻璃盆景就可以将户外的花园景色带进室内。但制作盆景所使用的土壤、植物以及容器，都要遵循一定的搭配规则。

当你无法拥有室外花园时，玻璃盆景就是将自然美景带回室内的绝佳方法。那么究竟什么是玻璃盆景呢？它是指将植物种在全封闭或半封闭的玻璃容器中。如果容器一直保持透气状态，这个盆景就是开放式的；如果放入植物后容器就被密封起来，则为封闭式。玻璃盆景还有许多不同的类型，比如沙漠式、雨林式以及水景式。

玻璃盆景制作简单，养护容易，但成果令人无比满足。它们非常适合室内园艺新手，同时也是绝佳的礼物。制作玻璃盆景时，务必要用习性相似、养护方法也相同的植物进行搭配。例如，仙人掌和多肉植物等其他沙漠植物都需要良好的空气流通，适于组合在开放式的玻璃容器中；而喜欢温暖潮湿的蕨类和网纹草等热带植物，则更适合封闭式容器。

这种容器中的微型花园究竟有何魅力？它们可供全年观赏，是神奇的活体植物标本；它们可以成为一个房间的焦点，是为房间增添一抹绿色的完美选择。最重要的是，它们不挑空间大小，放在任何地方都很好看！

制作封闭式玻璃盆景

封闭式玻璃盆景与开放式玻璃盆景的不同之处在于，植物种入之后要将容器密封。一旦完成，
空气、营养和水分会在容器中循环，玻璃盆景便开始创造自己的生态系统，这意味着也许你
再也不需要打开容器了。

下面我们将使用喜欢潮湿环境的蕨类植物与网纹草制作一个封闭式玻璃盆景。你还可以使用
嫣红蔓（Hypoestes phyllostachya）、铁线蕨和波士顿蕨。我习惯用各个品种的网纹草的不同
颜色来平衡蕨类植物的绿色。

你需要准备

- 金属勺子
- 柔软的画刷
- 长铁扦
- 胶布
- 一张纸或者一个厨房用漏斗
- 玻璃细口瓶和软木塞，或其他带有密封盖子的透明玻璃瓶

- 通用种植土
- 活性炭
- 小石块
- 2～3株不同颜色的网纹草和1～2株蕨类植物
- 细长的夹子
- 苔藓

操作步骤

1. 用胶布将长铁扦紧紧绑在勺子或者画刷的末端来延伸长度。用纸做一个漏斗，或者用现成的厨房用漏斗。将漏斗塞到玻璃容器的开口处，小心地将种植土铲入漏斗中，等种植土全部落到瓶子底部再铲入更多。对于我们正在制作的这个玻璃盆景的尺寸来说，需要在底部铺上5～6厘米厚的土。加入3勺活性炭。用长铁扦稍稍搅拌，不要太用力，否则会将混合物弄到玻璃容器的内壁上。最后点缀几个石块。

2. 小心地将植物从花盆中脱出。如果根系已经长满花盆（甚至从盆底长出来了）难以脱出，那么先轻拍花盆底部，就会松脱了。在植物下方放一只碗，用手指将根系上大部分旧土剥离下来。

3. 用细夹子（没有的话可以用铁扦或筷子）将植物夹起，穿过容器口，放入你想要的位置。不要担心伤到植物，它们在瓶内很快就能恢复。重复放入剩余植物，确保压紧植物周围的土壤。

4. 一旦植物就位，就可以加入更多的装饰品，和放置植物的方法一样将它们放入容器中，摆放在植物周围。我添加了一些苔藓和小石块。

5. 如果叶片沾上了土或其他杂物，用画刷轻轻刷干净即可。最后用软木塞或者盖子将玻璃容器密封起来。然后开始自豪地展示吧！

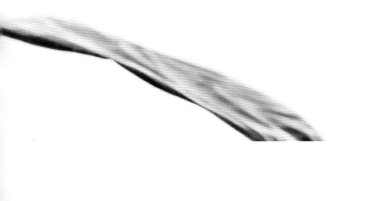

第四章
CHAPTER FOUR

植物养护

PLANT CARE

环境

摆放环境对于植物的健康甚至生存来说都至关重要。不同种类的植物对于光照、温度和湿度有着不同的需求，所以务必为你的植物找到合适的位置。

也许你已经为植物挑选好了心仪的摆放位置，但是如果环境条件不允许，这么做就毫无意义。强迫植物生长在不适合的地方不会有好结果。首先你需要了解房间的光照条件、温度和空气质量，再选择适合在这里生长的植物。市面上有无数的室内植物可供选择，你一定可以找到适合你房间的完美植物。

光照

在购入心仪的植物之前，先考虑你要将它摆放在家中的什么位置。喜光的植物不能放在阴暗的角落（参考第32~35页，了解窗户的朝向对室内光线的影响）。

任何一个合格的园艺中心都会对每种植物喜欢的生长条件做出说明。

你必须仔细阅读每株植物的养护说明，因为即使是同一种类，不同品种的植物对光照的要求也不尽相同。

有些室内植物喜欢明亮的自然光，有些则需要适当遮阴。但是所有植物都需要一定程度的光照来进行光合作用，将二氧化碳和水转化为有机物，从而满足植物的生长需求。如果植物缺乏光照，它会因竭力追逐光线而长出纤长脆弱的茎干。反之，如果植物接受了超出承受范围内的光照，叶子则会变得苍白，甚至脱水掉落，种植土也会很快变干，要多加留意。除了沙漠仙人掌，不要将其他种类的植物放置在正午阳光直射的窗边。

植物用叶子吸收光照。给植物喷洒水雾可以保持叶片表面洁净，这样不仅会让植物变得更漂亮，还会让它们生长得更茂盛。你也可以购买专门用来清洁植物叶片的光亮剂。需要注意的是，光亮剂只能用于光滑的叶片，不能用于毛茸茸或带刺的叶子。

温度

不同植物喜欢不同的温度，查阅植物养护说明可以了解适合它们生长的温度范围。和光照条件一样，你也需要考虑房间里的温度。喜欢凉爽环境的植物无法在桑拿房中存活，喜欢温暖环境的植物也无法生长在阴暗冰冷的角落。

空气和湿度

　　植物在白天进行光合作用，将二氧化碳和水转化为有机物，释放出氧气；到了晚上，植物开始进行呼吸作用，消耗氧气产生二氧化碳，所以为植物提供适当的空气流通条件十分重要。

　　当温度过高时，打开窗户可以加强通风帮助植物降温。一些室内植物的叶子遇到冷空气会枯萎掉落，不能长时间放在寒冷的环境中。加强空气流通可以减小植株感染真菌疾病的概率，所以最好不要将植物摆放在空气不流通的房间里。

　　除了沙漠仙人掌和多肉植物喜欢相对干燥的空气，其他大部分室内植物都喜欢稍微有些湿润的空气。当冬季供暖时，过于干燥的空气会使植物枯萎。这时可以在托盘中盛放潮湿的石子，再放上花盆以增加植物周围的湿度；或者给植物喷洒水雾来增加湿度，还可以顺便清洗叶子。

更多增加湿度的方法

将花盆放在稍大一点的盆中，
在缝隙中塞满苔藓可以增加湿度。

在托盘中放入一些石子并倒入水，
再放上花盆，这样可以增加植物周围的湿度。

在装满水的托盘里放入木块，
将植物放在木块上，可以保持土壤湿润。

给植物喷洒水雾（使用过滤后的水）。

浇水与施肥

管住手，过度浇水是室内植物的头号杀手！

许多人认为多浇水对植物有益，然而过多的水分会导致植物烂根。有些植物需要每天浇水，有些只需要一个月浇一次，请仔细阅读植物养护说明。你还需要注意选择种植用的花盆。你会发现比起塑料盆，种在陶盆中的植物需要浇水的频率更高，因为水分在陶盆中蒸发得更快。

新手需要学习的一个重要技能就是通过土壤状态判断什么时候需要给植物浇水。

一些植物缺水太久叶子会下垂，并且无法恢复，所以要及时浇水。市面上有用于测量土壤含水量的测水仪，但判断植物是否缺水其实很简单，只要认真观察叶子和土壤的状态，你很快就能看出植物缺水的征兆。

一些植物不喜欢硬度较高的自来水，所以最好浇灌雨水或者过滤过的自来水。浇水时要确保充分浇透盆内土壤，但不要过度浇灌，因为土壤里的养分会被水冲走。也不要将花盆长时间浸泡在水里，容易引起烂根。浇水一小时后要再次检查，将外层装饰盆或托盘内的积水倒掉。

如何充分浇水

1.

首先用手指测试土壤湿度：
将手指插进土壤中，
如果感到潮湿就不要浇水。

2.

同时向土面与托盘中浇水。

3.

一小时后倒掉多余的水。

如何适当浇水

1.

首先用手指测试土壤湿度：
将手指插进土壤中，
如果感觉潮湿就不要浇水。

2.

只给土面浇水。

3.

倒掉托盘中多余的水。

如何轻度浇水

1.

用筷子轻轻插入种植土加强透气。

2.

从土面浇水。

3.

检查植物是否吸收了足够的水分，
但绝不要让它泡在水中。

浇水的不同方式

给植物浇水有许多不同的方式，具体方法则取决于植物的种类。有些植物喜欢少量多次的浇水方式，有些则喜欢见干见湿，即表层土干透后再浇透。

土面浇水（第133页，图1）
用一个长嘴水壶从土面浇水，注意不要弄湿叶子。

托盘浇水（第133页，图2）
这是我认为可以让植物迅速恢复状态的技巧，屡试不爽。将植物放在装满水的托盘中，一旦植物喝饱了水，便可以放回原先的装饰花盆或托盘里。这样既可以让植物吸收足够多的水分，又能防止浇水过度。

如果花盆下面已经放了托盘，可以将水直接加在托盘里。之后务必要倒掉托盘中多余的水，不能让植物在水里泡太久，否则容易烂根。

浸盆
这好比是给你的植物泡温泉，但只是将花盆部分而不是整株植物泡进水中。等土壤吸饱水，将多余的水沥干，再把盆栽放回原先的装饰花盆或托盘里。

凤梨科植物（观赏凤梨）的浇水方法（第133页，图3）
观赏凤梨的苞片颜色鲜艳、形似花朵，浇水方式也与众不同。它的叶片呈莲座状排列，在茎干顶端或植株基部围成一个"杯子"，并需要保证此处盛满积水。

"杯子"中的积水最好每隔几个月更换一次。换水时，小心地倾斜植株倒出原有积水，再用小水壶倒入新鲜的水即可。如果你不确定观赏凤梨

三种浇水方式

图1.

土面浇水

图2.

托盘浇水

图3.

凤梨科植物浇水

的"杯子"在哪里，可以向茎干顶部浇水，让水自然流入其中。凤梨科植物是用叶片来吸收营养的，所以也要经常给叶片喷洒水雾。

出门度假时的浇水方法

如果不想让植物在我们出门度假时遭罪，最好拜托他人帮忙照料植物。然而大部分时间这种做法并不可行，下面这几种方法或许可以帮到你：

吸水布浇水法（第135页，图4）

在水池中装满水，将一大块吸水布铺在台面上，一端垂到水池底部。将植物放到吸水布上，这样植物就能通过洗水布吸收水池中的水分了，但是别忘记要关紧水龙头。

滴灌浇水法（第135页，图5）

装一瓶新鲜的水放在植物旁边。剪一段足够长的绳子，一端放入水中，伸到瓶底，另一端放入花盆中，埋入土中约两厘米深的位置。绳子会自动吸收水分输送给植物。

渗水器浇水法（第135页，图6）

渗水器的材料一般为玻璃或塑料。使用时，先将球形的蓄水容器注满水，再将另一端的出水细管插入盆土中。土壤变干时，容器中的水分就会自动渗到土里。这个方法超级简单！如果你比较健忘，这个方法也可以用于非常喜湿的蕨类植物。你还可以购买自给水花盆，但价格并不便宜。

度假时的浇水方法

图4.
吸水布浇水法

图5.
滴灌浇水法

图6.
渗水器浇水法

施肥

　　刚刚进行了翻盆的植物可以从新鲜的种植土中吸收足够的营养。然而时间久了，这些营养就会被植物耗尽或是被水冲走，所以需要经常给室内植物施肥。液体肥料通常以浓缩的形式售卖，请按照说明书的要求，正确稀释以免施肥过度。

　　你也可以在种植土中直接添加缓释肥。如有任何问题，请查阅说明书。

植物病害与养护误区

有时植物会出现早期病症，应以预防为主，留心观察植物状态，及早发现问题。

辨别植物病害

顶部叶片发黄

直接浇灌硬度较高的自来水会使植物顶部叶片发黄，建议换成雨水或过滤后的自来水。

叶片上出现棕色斑点、色块

植物一旦缺水，叶子上就会出现硬脆的棕色斑块。如果浇水过多，叶子上则会出现柔软的深棕色斑点。你需要仔细观察植物的叶子，千万不要让种植土在浇水前完全干掉，也不要在土壤仍然潮湿的时候浇水。当你掌握了正确的浇水方式，棕色斑块就不会再出现了。

棕色叶片

如果整片叶子都变为棕色，有可能是因为浇水不当，也有可能是光照条件不合适。检查植物是否放置在适合的环境中（参考第32~35页）。空气过于干燥会让叶子中心变黄，这种情况可以通过定期喷洒水雾、增加空气湿度来改善。

叶子边缘卷曲或掉落

植物叶子卷曲掉落通常是因为稍微多浇了一些水或者温度不够，也有可能是因为被放在了冷风直吹的位置。你需要将植物摆放到家中其他更适合的位置。

叶子枯萎

水浇得太多或太少，都会出现叶子枯萎的现象。但是如果你能够确定问题不在于浇水多少，那么很可能是象鼻虫幼虫啃食植物根部引起的。如果虫害严重，请立刻扔掉整株植物。

叶片突然掉落

植物不时落叶是正常现象，但叶片大量脱落则说明植物经受了巨大的压力。也许是温度突然发生剧烈变化，也许是种植土严重缺水。如果经常移动盆栽的位置，植物也会感到压力，突然间整株叶片掉落。发生这种情况时，将植物放置在明亮温暖的地方可以帮助它恢复。一个星期后施以稀释肥料，此后至少一个月不要移动它。

底部叶子干枯掉落

底部叶子干枯掉落有三个原因：光照不够、温度太低或者植物缺水。检查植物所在区域的光照条件和环境温度是否适合此类植物。如果不适合，那么你需要将植物移到更适合它的环境中。如果光照和温度适宜，就要确保盆土干透之前浇足水。如果经常任由种植土彻底干透，植物就容易

辨别植物病害的早期征兆

顶部叶子鼓胀、发黄

叶子上有斑点

叶子尖端和边缘变成棕色

叶子卷曲

叶子枯萎

叶子泛黄、下垂

叶子干枯变成黑紫色

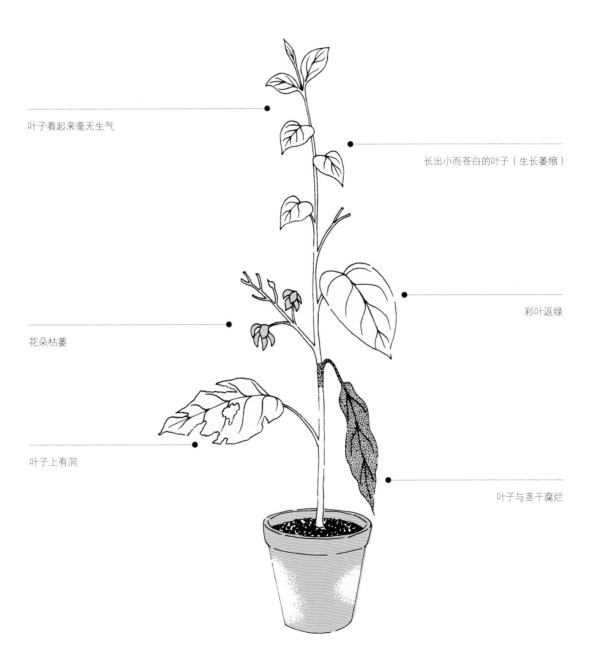

叶子看起来毫无生气

长出小而苍白的叶子（生长萎缩）

花朵枯萎

彩叶返绿

叶子上有洞

叶子与茎干腐烂

脱水。使用自动给水盆或者渗水器可以确保植物得到充足水分，但也不要过度浇水。

叶子上出现破洞

令人难以置信的是，叶子上的洞竟然不是昆虫造成的。通常造成这一状况的原因是植物本身营养不良或是空气过于干燥，可以通过喷洒水雾增加湿度来改善。

植株上长出小而发黄的叶子（生长萎缩）

如果你的植物上长出小而发黄的叶子，有这几种可能的原因：排水不良、光照条件不好或者湿度太低。你可以翻盆重新种植，或是为种植土松土透气，同时将它移到光线好的位置进行养护。

花朵枯萎

如果你的植物一直不开花，它也许需要更多光照或者适当施肥。观察土壤是否过于干燥，可以给植物喷洒水雾来增加湿度。

如果你的植物状态很差，用了上述方法依旧无法改善，还可以尝试下面的办法：

1. 让盆土稍稍干透。
2. 确保足够的光照。
3. 给植物施有机肥。

如何救回枯萎的植物

如果植物枯萎了，不要轻易放弃，下面的小技巧也许可以让植物起死回生。

叶子枯萎掉落，通常是因为植物没有得到足够的水分。

植物根部可能已经萎缩无法吸收水分，所以水分就直接流走了。

土壤可能已经失去了保水能力。

用工具疏松表层土壤。

将植物浸在水里并喷洒水雾。

滤掉多余的水。如果植物再次枯萎，需要使用新土壤重新种植。

扦插繁殖

栽种植物让人身心愉悦。你可以通过扦插繁殖，从零开始培育自己的植物。

　　大部分植物都有着惊人的繁殖能力，只要扦插一片叶子或是一根枝条，就可以得到一株新植物。扦插多肉植物是最容易成功的，这对于植物爱好者来说是个好消息，因为有些多肉植物的价格并不便宜。扦插例如吊兰这类的室内观叶植物，可以截取带有新芽的枝条，越靠近根部越好。先将剪下的枝条晾24小时，接着放入水中等待至少4天，直到新芽开始生长，最后用种植土将它们分别种到花盆中。

吊兰非常容易繁殖，并且很快就可以进行分株。

多肉植物叶插

1.	2.	3.
用锋利的小刀或剪刀切下一片叶子，尽量贴近茎干下刀。	晾置一天。	如果叶子较短，就把它平放在通用土土面上。如果叶子足够长，可以将它竖直埋入土中。

仙人掌科植物扦插

用手套或夹子取下插穗（扦插素材）。

取下的部分带有的根系越发达越好，晾置一天。

用夹子把插穗种入仙人掌专用栽培土中。

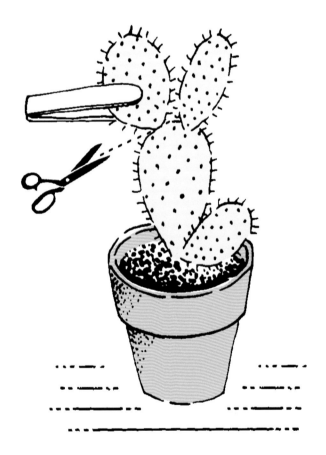

黄毛掌（Opuntia microdasys）很容易繁殖。
用夹子夹住"耳朵"，顺着叶片底部用剪刀将其剪下。
小心不要扎到手。

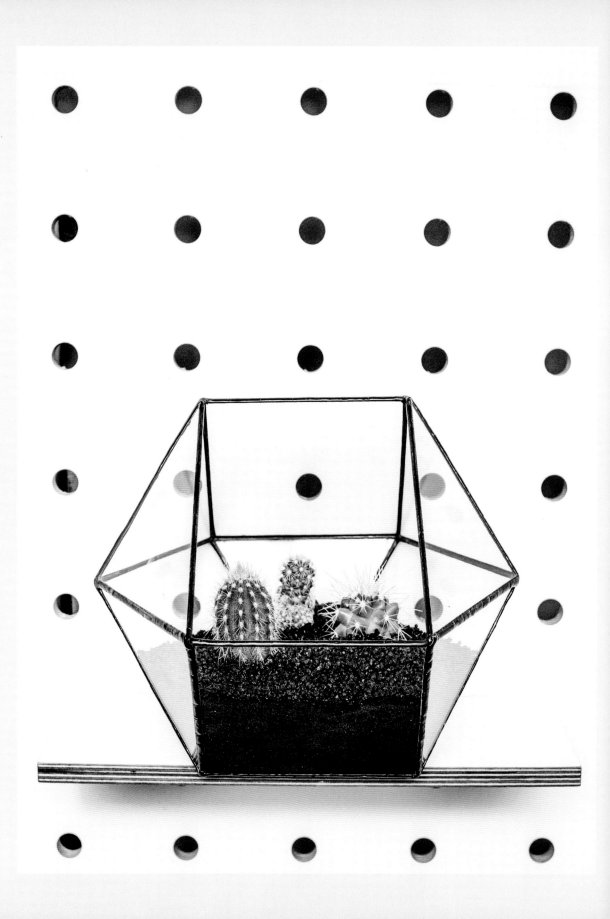

制作开放式玻璃盆景

与容器完全密封的封闭式盆景不同，开放式盆景恰如其名，容器是敞开的。仙人掌和多肉植物等沙漠型植物非常适合用于制作这类盆景，因为它们需要更多的氧气并且不喜欢封闭容器中过高的湿度。

开放式玻璃盆景无法进行自我循环，所以最好一周喷洒一次水雾。不要将水直接倒入容器中，那样会造成烂根。多肉植物和仙人掌都喜欢充足的光照，最好将景观盆放在窗边明亮的位置。

吉欧花艺更偏爱几何形状的设计，所以书中出现的大多是使用几何形状的玻璃容器制作的景观盆。你可以搜寻一些复古风的容器，也可以从礼品店或从网上直接购买。你还可以发挥想象力，使用药剂瓶、大号的复古水杯，甚至是鱼缸做容器。

你需要准备

- 仙人掌专用种植土
- 透明玻璃容器或景观盆
- 活性炭
- 长柄勺子
- 几棵小仙人掌或多肉植物

- 细长的夹子
- 水族箱砾石
- 漏斗（可选）
- 小号画笔

操作步骤

1. 将种植土装入景观盆里，土深大约5厘米。在土面撒上一些活性炭。如果你的手可以伸进容器内，用手指为仙人掌或多肉植物挖出摆放它们的小坑；如果容器口太小，就用长柄勺子。不要将坑挖得太深，植物根部与容器底部要留出大概两厘米的距离。

2. 从花盆中取出植物。如果是有刺的仙人掌，可以使用夹子，小心不要刺伤自己。轻轻挤压塑料盆就可以轻松取出植物。如果植物根系已经长满花盆并在排水孔外侧盘结，梳理钻出盆底的根系让植物脱出。

3. 用夹子将植物放入之前挖好的坑里。用勺子或夹子把植物周围的土压实。有时还需要用勺子在植物周围添加更多的种植土，确保植物不会左右摇晃。重复前面的步骤，直到将所有植物都种入景观盆内。用勺子末端轻轻推动植物顶部或叶片，测试植物是否已固定好。如果植物还会左右晃动，就需要在植物周围添加更多种植土进行固定。

4. 用勺子在种植土表面覆上2～3厘米厚的水族箱砾石。不要使用一般的装饰石头，水族箱砾石可以帮助排水。如果景观盆形状比较特殊，可以用漏斗将水族箱砾石放入其中。如果植物叶片上沾了小石子或泥土，用小号画笔轻轻刷干净即可。

第五章
CHAPTER FIVE

植物造型

PLANT STYLING

植物造型

植物的摆放位置十分重要：不能过度拥挤，因为它们需要生长空间；但你一定也不希望植物看起来孤苦伶仃。你的家中是否也有这样的窗台，阳光充足、光线极好但是却有些单调乏味。龟背竹在适合的环境里会迅速生长，你可以剪下几枝摆放在窗台上，为整个空间增添一抹绿意。

植物组合摆放在一起会生长得更好，所以你可以用不同的植物组成一个植物角。窗台是非常合适的位置，你也可以将植物放在其他任何条件适宜的地方。

让植物组合赏心悦目的关键在于挑选出能相互衬托的不同形状和质感的植物。例如，不要将大型的张牙舞爪的观赏凤梨摆放在一起，除非你想刻意营造那种效果。蓝灰色调的羽裂蔓绿绒（Philodendron hastatum）可以与春峰（Euphorbia lactea）、贯众蕨放在一起，因为它们的颜色搭配在一起十分和谐。

这一章接下来会介绍如何装扮你的植物，比如更换花盆类型或其他更大胆的方式。

将植物作为桌面装饰

闲来无事，给桌面增添一点绿意也是不错的选择。你可以用盆栽植物打造一个简约而漂亮的造型，或者干脆放开手脚，用更夸张的容器来展示你的绿植，当然，这也取决于你有多少时间和空间。

下面是一些值得一试的点子：

1. 将奇数个装有不同植物的美丽花盆在桌子中间排成一排，如果桌子上没有足够空间，可以使用迷你花盆种上迷你仙人掌或者多肉植物，然后从花园中剪下一些带叶子的枝条摆放在盆栽旁边。还可以在桌子中间摆放一个大花盆，四周再装饰一圈迷你盆栽。
2. 制作手工编织挂篮，将植物错落有致地挂在桌子上方。挂篮尤其适合天花板较高的空间，效果令人惊艳。丝苇和爱之蔓的叶片质感不同、形状不一，将它们挂在一起就可享受其搭配之美。
3. 使用复古木箱、衣柜或是其他好看的大型容器制作植物箱。若是想要控制成本，可以利用你已经拥有的植物。挑选不同纹路质感但搭配起来又很和谐的植物来填满容器。我喜欢将各式蕨类植物、霸王空气凤梨、镜面草、长生草、仙人掌以及迷你燕子掌搭配在一起。

如何制作植物架

————

　　我个人是植物架的头号粉丝。你需要做的就是在架子上摆放一些无比美丽的植物，然后拍张照炫耀给大家看！如果你想为你的植物专门准备一个架子，可以选择宜家简洁款的置物架，当然也可以考虑其他更具风格的款式。如果你喜欢斯堪的纳维亚风格，可以考虑瑞典设计师尼尔斯·斯特林（Nils Strinning）创立的斯特林书架系列或者丹麦家族企业伍德（Woud）的产品。

　　正式动手前，先确定你想在植物架上摆放什么样的植物。耐旱的植物可以放在高层，因为不用经常给它们浇水。我建议在架子上层摆放仙人掌科植物或空气凤梨，这样你就可以轻松地把它们拿下来浇水而不用爬高。如果高度不是问题，你可以把像爱之蔓这样的垂吊植物放在高处，它们的叶子从上方垂下来会非常漂亮。

　　架子低处相对容易取放，可以摆放网纹草这种维护需求较高的植物。用不同品种的植物为你的展示架增添色彩，打造绿色、粉色和紫色相互搭配的色彩效果。

　　根据架子长短，尝试摆放奇数数量的植物，视觉效果会更好。你也可以在花盆周围点缀一些小装饰。我通常会选择斯堪的纳维亚风格的小物件，或是一些铜质的几何装饰物。将植物和你喜欢的物件搭配到一起是展示个人风格的好办法。

　　我们店里的植物架上放置了复古风写字板，用于提示植物品种和价格。你在家中也可以用它来给家人朋友传递信息，使用与植物相关的双关语更是妙趣横生！

用五种最容易养护的植物打造你的植物之家

下面这些植物搭配在一起效果十分出众，是你搭建植物架的首选：

1. 白鹤芋
2. 绿萝
3. 虎尾兰
4. 吊兰
5. 芦荟

低成本装饰窗台

窗台是最常见也是最适合摆放室内植物的地方，装点得当的话可以为房间带来巨大的改变。窗户的朝向决定了窗台上摆放何种植物，选择植物前应仔细考虑这一因素（参考第32~35页）。

如果你的预算不多，那么扦插是个很好的选择，尤其是扦插那些容易繁殖、生长迅速的植物，你可以从中得到巨大的满足感。向朋友索取枝条是个不错的开始，但是如果没有这个条件，植物中心和苗圃也会低价贩卖扦插枝条，价格要比成株植物便宜不少。

制作铜质皮革植物挂篮

这个挂篮十分适合多肉植物或者丝苇属仙人掌植物。你可以用挂照片的挂钩或S形挂钩将它悬挂在窗边或是窗帘杆上。

你可以根据自己的喜好选择黄铜或纯铜管，以及从皮革店购买你喜欢的皮革边角料。

你需要准备

- 尺子
- 直径2毫米、长1米左右的纯铜或黄铜管
- 钢锯
- 切割垫板
- 轮刀
- 1块宽7.5厘米、长40厘米的皮革

- 皮革打孔器
- 1捆直径1毫米的铜线
- 铁丝剪
- T形铜管接头
- 万能胶
- 手套（可选）

操作步骤

1. 用尺子在铜管上量出3段10厘米长的管子，用钢锯锯开。再标记并锯出6段13厘米长的管子。

2. 在切割垫板上用轮刀切出3条约2.5厘米宽、30～40厘米长的皮革。在距离切好的皮革长条两端1厘米的位置，用皮革打孔器打一个直径约3毫米的孔。不要将孔打得太靠近末端以防皮革开裂。

3. 用铁丝剪剪下长约两米的铜线。

4. 将铜线穿过3段10厘米长的铜管，铜管一端保留约1.5米长的铜线。铜管切口锋利，小心不要被划伤。将三根铜管折成三角形，把接口处的铜线旋转固定在一起。这个三角形是挂篮的底部，同时

也是侧边较长三角形围栏的底边。

5. 将较长一端的铜线穿过两段13厘米长的铜管，折起这两根铜管与底部的一根铜管形成一个新的三角形。将穿过来的铜线在长管与底部三角形的连接处绕上几圈，固定好。这样在小的三角形底座的一边就多了一个大三角形。继续用这根铜线穿过两根长管，在长管衔接处折一下形成三角形，并在连接处固定。这样你就有了最初的小三角形和两个侧边的大三角形。再用同样的方法完成侧边第三个大三角形。制作过程中每个三角形最后连接的地方都要用铜线绕几圈固定，避免铜管移

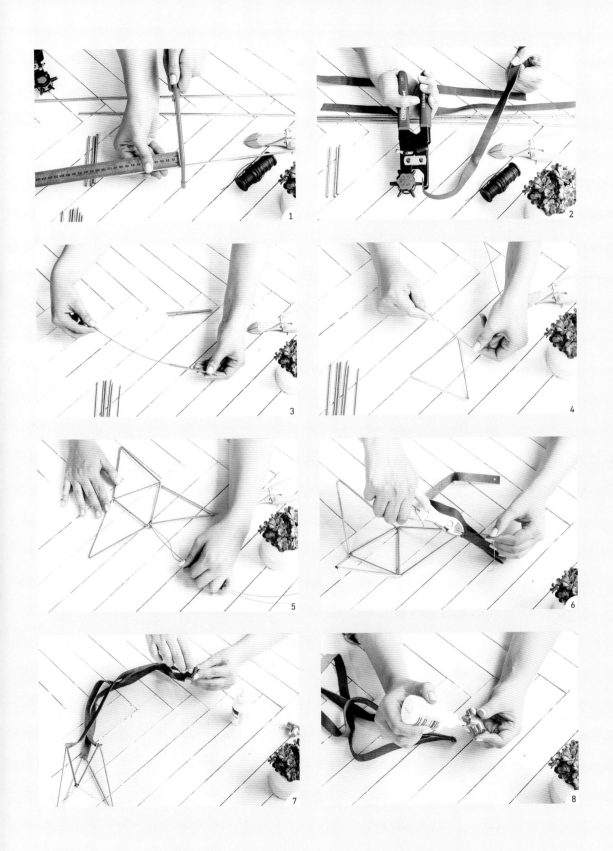

动和松脱。确保侧面三个三角形大小均等，并把它们向上折起和底面形成一个三棱锥。把接口处多余的铜线剪掉。

6. 剪一段15厘米长的铜线穿入一条皮革一端的小孔中，把皮革接在侧面三角形的顶端。就像做针线活一样，把铜线穿过小孔和三角形顶端四到五次，固定好，再剪掉多余的铜线。用同样的方法，将剩下的两条皮革都固定到铜管上。

7. 将皮革整理平整，把它们的顶端用一根10厘米长的铜线"缝"在一起。

8. 把万能胶涂在T形铜管接头垂直部分的内侧。这一步可以戴上手套，小心不要把万能胶弄到手上或其他地方。把皮革连在一起的那一端推进T形铜管接头内部，确保胶水不会顺着铜管流到皮革上。如有渗漏，用湿布把多余的胶水擦掉即可。

9. 放置两小时让万能胶干透，放入植物后就可以挂起来欣赏啦！

神奇的植物秘诀

下面我将与大家分享一些根据我的经验总结而成的植物养护及搭配秘诀。

1. 植物养护过程中最常见的问题就是浇水过多。正确的做法是不时地喷洒水雾保持土壤湿润，只在土壤几乎要干透之前浇水。如果不确定是否需要浇水，就先保持原样。

2. 从朋友的植物上取得扦插用的枝条是开启植物收藏之旅的最好方法。

3. 如果空间不足，可以使用不占空间的高瘦型花盆，还可以选择多肉植物或仙人掌之类的小型植物，也可以用挂篮将植物悬挂起来从而节省空间。

4. 将奇数数量的植物摆放在一起会更好看，而且植物放在一起也会生长得更好。

5. 植物需要时间来适应新环境，所以不要频繁地移动植物，否则它们很可能会枯萎。

6. 通过定期修剪来保持植物健康。去除开败的花朵、变黄的叶子，必要的话，可剪掉不规则的枝条。

　　吉欧花艺在创办之初跌宕起伏，而我们等不及要向你展示店里所有的美妙事物。这是一段多么奇妙的旅程啊！希望本书能带给你一些有用的技巧，让你知道应该如何照顾植物并使它们旺盛生长，帮助你开启自己的室内园艺之旅。吉欧花艺也会经常举办研讨会，在这里你可以了解更多关于植物的知识，并且可以与同道中人一起交流。

　　让我们一起享受植物带来的乐趣吧！

植物索引

这一部分用来检索植物,并查看如何照料它们。更多浇水技巧请参考第130~135页。
需要特别说明的是,一些植物对宠物来说是有毒的。如果你有宠物,在购买植物之前,请仔
细阅读植物养护说明,或是询问卖家和园艺中心的工作人员。

A

铁线蕨(Adiantum)(第75、80、121页)
需要费心养护的植物。必须保持土壤湿润,当叶片看起
来有些干燥时,需要给它喷洒水雾。

莲花掌(Aeonium)
这种多肉植物的叶子呈莲座状,从黄色到近乎黑色的品
种都有。有的品种比如明镜(Aeonium tabuliforme),
叶子排列紧密,莲座呈扁平状;有的品种比如黑法师
(Aeonium arboreum),叶子则在顶部松散排列。

芦荟(Aloe asphodelaceae)(第33、157页)
从托盘浇水,见干见湿。很容易繁殖,会在母株周围长
出许多小苗。

红凤梨(Ananas bracteatus)
红凤梨属于凤梨科,会长出红色的小菠萝,也被叫作"红

苞凤梨"。与其他凤梨科植物一样,需要顺着茎干浇水。

非洲天门冬(Asparagus aethiopicus)
从托盘浇水,保持环境温暖。喷洒水雾增加湿度。

鸟巢蕨(Asplenium nidus)(第78页)
从托盘浇水,喷洒水雾增加湿度。

B

观赏凤梨(Bromeliaceae)(第10、84、132页)
顺着茎干浇水。

C

青苹果竹芋(Calathea orbifolia)
从托盘浇水,经常喷洒水雾。

吊兰（Chlorophytum comosum）（第37、38、157页）
从托盘浇足水，经常喷洒水雾。

燕子掌（Crassula ovata）（第155页）
从托盘浇水，每周喷一次水，与多肉植物养护方法类似。

玉树（Crassula arborescens）
与多肉植物养护方法类似，从托盘浇水，每周喷一次水。

星乙女（Crassula perforata）
每两周喷一次水，注意观察，这类植物较容易发霉。

彩虹竹芋（Calathea roseopicta）（第8页）
从托盘浇水，每周喷一次水。

D
贯众蕨（Davallia）（第11、152页）
贯众蕨的羽状复叶从毛茸茸的"脚"上长出。从托盘浇水，每周喷一次水。

E
东云玛菲达（Echeveria agavoides 'Multifera'）
与多肉植物养护方式相同，从托盘浇水，每周喷一次水。

丽娜莲（Echeveria lilacina）
与多肉植物养护方式相同，每周喷一次水。

海滨格瑞（Echeveria halbingeri）
与多肉植物养护方式相同，从托盘浇水，每周喷一次水。

金琥（Echinocactus grusonii）
每两周从托盘浇一次水。

F
印度榕（Ficus elastica）（第11页）
从托盘浇水，每周喷一次水。

大琴叶榕（Ficus lyrata）（第11页）
从托盘浇水，每周喷一次水。性喜温暖。

网纹草（Fittonia albinvenis）（第35、118、121、156页）
从托盘浇水，保持土壤湿润，每周可喷三次水。如果叶子较干，则需要增加浇水次数。

H
条纹十二卷（Haworthia fasciata）
类似芦荟的多肉植物，叶子粗壮并长有疣状突起物。非常耐寒，每周喷一次水。

M
龟背竹（Monstera deliciosa）（第3、10、37、152页）
从托盘浇水，每周喷一次水。缺水时叶子会下垂。

芭蕉（Musa）
容易养护。从托盘浇水，喷洒水雾增加湿度。

O
黄毛掌（Opuntia microdasys）（第145页）
每周喷一次水。

P
喜林芋（Philodendron）
从托盘浇水，每周喷一次水。如果叶子发软说明植物缺水，但确保不要浇水过度。

拟水龙骨（Phlebodium pseudoaureum）
保持土壤湿润，从托盘浇水，喷洒水雾增加湿度。

镜面草（Pilea peperomioides）（第8、11、33、112页）
容易繁殖。如果叶子、茎干发软说明植物缺水。从托盘浇水，喷洒水雾增加湿度。

鹿角蕨（Platycerium）（第10、59页）
从托盘浇水，喷洒水雾增加湿度。叶子发软说明植物需要浇水。

S
玉珠帘（Sedum morganianum）
每周喷一次水，但不要浇水过度，容易发霉。

长生草（Sempervivum tectorum）（第155页）
长久以来深受人们喜爱的植物，室内室外均可种植。有着顽强的生命力，即使偶尔被忽略也能生长得很好。不要过度浇水、施肥，非必要无须换盆。

翡翠珠（Senecio rowleyanus）
叶子像一串串珠子，外形非常奇特。

鹤望兰（Strelitzia reginae）
鹤望兰通常春天开花，有时会提早或推迟，是可以养在室内的最壮观的开花植物。鲜艳的花朵被巨大的叶子包围，可以在挺拔的茎干上盛开好几周。鹤望兰在养护时需要一些耐心，通常栽培4~6年后才会开花。株型巨大，需要一定空间。促进开花的小窍门：温暖的环境、尽可能多的光照、见干见湿的浇水方式。冬天应适当减少浇水次数。

T
空气凤梨（Tillandsia）（第12、84、87页）
空气凤梨品种繁多，并且拥有许多优点。正确的养护方式是每周喷2~3次水，或是在水中浸泡10分钟后拿出来晾干。最常见的品种是章鱼凤梨和隐蔽铁兰。

霸王空气凤梨（Tillandsia xerographica）（第88、93、155页）
耐寒好养的空气凤梨品种。每周浸水一次，浸水后晾干。

致 谢

在此我要感谢我的母亲，苏。她是我最伟大的灵感源泉，如果没有她，我将无所适从。感谢莎莉，帮助我将生意带上正轨，我们是最好的伙伴。感谢"超人妈妈"莱奥妮·弗里曼，在她怀孕7个月的时候仍坚持为这本书拍下了这些照片！

感谢最美丽的出镜模特金·卢卡斯，还有摄影助理罗恩·斯普雷，帮助我们安排拍摄计划。感谢哈迪·格兰特与夏洛特·希尔团队为本书做的设计。感谢杰奎琳·科利为本书绘制的植物插图。最后，感谢约翰娜用她的判断力和鼓励的话语帮助我保持理智。你是最棒的！